U0085502

人氣 RESSOURCES 菓子工坊

新田あゆ子

卡士達糕點配方大公開

出版菊文化

前言

謝謝大家的選購。

這本書介紹的是糕點製作時不可或缺的重要元素「卡士達 Custard」。

從我開始製作卡士達至今，也有相當長的時間了，即使是現在，仍然非常重視且仔細的進行整個製作過程。

或許稱它爲 "烹煮製作『糕點店的奶餡』"，總是令我感到開心雀躍。

在精準熟練製作基本的卡士達之後，更重要的是靈活廣泛的運用。

依卡士達的烹煮時間，製成不同濃稠度，可以自由地變化成品的風味與口感，請大家按照自己的喜好，製作出各種奶餡和醬汁。

書中介紹我所推薦的麵團與奶餡的組合，但只是其中一部分的例子。請大家各自發揮創意，變化組合出自己喜歡的糕點。

希望本書能成爲您找尋出自己專屬喜好食譜的契機。

另外，即使是覺得困難的糕點，只要不斷重覆地挑戰製作，必定能達到完美呈現的結果。

就像是稍有瑕疵的糕點，某一天完美成功當下的喜悅，也是糕點製作的魅力之一。

請務必樂在其中，享受製作糕點的過程。

希望本書能爲大家的生活更增添樂趣。

2021年10月

RESSOURCES菓子工坊

新田あゆ子

Part 1
泡芙麵糊的糕點

卡士達基底的甜點

Part 2
憧憬的糕點

卡士達的點心時間

Part 3
布丁液的糕點

用剩餘蛋白製作的糕點

【本書的使用方法】

• 食譜名稱旁的◆符號，是難易度的標記。◆的數量越多，表示進階的配方。

• 所有的材料都以 g 來標示。請以電子秤確實計量。另外，1小撮指的是以姆指、食指和中指輕輕抓取的量，用於食鹽時約是1g。

• 雞蛋使用的是 L 尺寸。全蛋1個是60g、蛋黃20g、蛋白40g為基準。

• 使用的奶油是無鹽奶油、糖粉是純糖粉。

• 鮮奶油使用的是動物性乳脂肪成分的種類（35～47%）。用於裝飾時，使用乳脂肪40%左右的鮮奶油，較容易產生乾燥粗糙口感，請多加留意。

• 使用手持電動攪拌機時，混拌時間和速度會因機種而有所不同。請視麵團或鮮奶油狀態進行調整。

• 巧克力使用糕點專用的覆蓋巧克力（couverture）。必要的地方也會標示出可可成分比例。板狀巧克力可直接剝開使用，塊狀時請切碎使用。

• 烤箱先以設定的溫度預熱。預熱時間因機種各有不同，請估算好時間先行預熱。烘烤時間也會因機種而略有差異，因此請以食譜上的時間為基準，視情況加以調整。

基本的卡士達

呈現雞蛋與牛奶的柔和甜味，以及滑順的口感，就是美味的卡士達。基本材料有雞蛋、牛奶、砂糖、低筋麵粉。法語 Crème pâtissière，意思就是「糕點師的奶餡」。在此介紹的是基本的卡士達，以及將卡士達確實加熱煮成的濃郁奶餡。

≪**材料**≫ 方便製作的分量

牛奶…450g

蛋黃…70g

細砂糖…76g

低筋麵粉…20g

玉米粉…10g

≪**預備作業**≫

◎混合低筋麵粉和玉米粉後過篩。

1 在鍋中放入牛奶，用中火加熱至鍋壁產生小氣泡冒出滋滋的聲響。在缽盆中放入蛋黃後加進細砂糖，立刻用攪拌器攪打至細砂糖的糖粒消失為止。

memo：添加香草莢時，可以從香草莢中刮出籽，連同香草莢一起放入牛奶。

2 加入全部的粉類，用攪拌器摩擦般混拌至粉類完全消失。

3 用攪拌器邊混拌邊少量逐次加入1的牛奶。

memo：若溫熱牛奶一次全部倒入混拌，會產生結塊，所以必須少量逐次進行。

4 待呈滑順狀態後，倒回牛奶鍋大火加熱，以攪拌器不斷地邊混拌邊加熱。

memo：在這個步驟，糕點用語會以「加熱」來呈現。

5 當材料產生濃稠，也能感覺到鍋底呈現濃稠時，請先離火。用攪拌器迅速地攪拌全體，使整體的濃度均勻。

memo：即使上半部仍是水漾狀態，經由混拌就能使整體呈現均勻的濃稠狀態。

6 再次用大火加熱鍋子，換成橡皮刮刀邊加熱邊不斷由鍋底翻起地混拌。

memo：待產生濃稠後，就很容易燒焦必須多加注意。

7 待全體確實煮至沸騰並呈現光澤，混拌的手感也變得輕盈時，就完成加熱了。當提到「確實呈濃郁狀態」，就是從這個時候開始熬煮（p.8參照）。

memo：添加奶油就在此時。離火，用餘溫邊融化邊混拌。

8 趁熱以萬用濾網或較細網目的網篩，邊過濾邊倒至缽盆或方型淺盤。

9 緊密貼合卡士達表面地覆蓋上保鮮膜。上面擺放保冷劑，底部墊放冰水，使其迅速冷卻。完全冷卻後放入冷藏室。

memo：急速冷卻是為了快速脫離雜菌繁殖的溫度。緊密貼合保鮮膜可防止表面乾燥。

10 可以試著從邊緣剝離冷卻的卡士達，可以光滑地剝開時，就是漂亮地完成加熱的證明。

11 冷卻的卡士達是硬且具彈性的質地。攪散成柔軟狀態（以下12、13）後使用。

12 直立式抓握橡皮刮刀，由缽盆外側朝身體方向摩擦般攪散。開始攪散時會有崩裂感，但會越來越滑順。

13 要攪散至舀起卡士達時，會黏稠地延展為止。有時需要攪散至如同p.20的奶油泡芙般濃稠狀態。

確實呈濃郁狀態
↓

步驟**7**完成加熱後，用橡皮刮刀邊混拌邊用中火再加熱熬煮5分鐘。當卡士達濃縮，混拌時再次覺得手感沈重時，就表示達到確實呈濃郁狀態。和步驟8、9同樣地過濾冷卻。

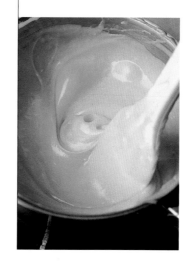

冷卻的濃郁卡士達相當有硬度。最初先使用木杓從缽盆的外側朝身體方向摩擦般攪散。

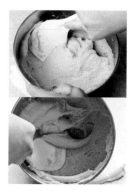

攪散至某個程度後，改用橡皮刮刀，同樣從外側朝身體方向摩擦般攪散。

攪散至舀起卡士達時，會黏稠延展的軟硬度為止。一旦有結塊時，就會阻塞擠花嘴而無法漂亮地進行絞擠。

→使用頁面／p.9開心果卡士達、p.16脆皮泡芙

卡士達的變化組合

將基本卡士達的顏色和風味變化組合，更方便運用。

Ⓐ 柳橙卡士達

方便與糕點搭配，鬆軟的奶餡。
同樣地也可以用檸檬汁製作。

≪材料≫ 方便製作的分量

柳橙汁…225g
蛋黃…35g
細砂糖…38g
低筋麵粉…10g
玉米粉…5g

≪製作方法≫

用柳橙汁（100%果汁）取代牛奶，參照
p.7製作卡士達。

→使用頁面／p.49柳橙卡士達含羞草蛋糕

Ⓑ 黑醋栗卡士達

色彩鮮艷且具酸味的黑醋栗就是重點，
也可以用其他喜歡的果泥來變化。

≪材料≫ 方便製作的分量

黑醋栗果泥（冷凍）…225g
蛋黃…35g
細砂糖…38g
低筋麵粉…10g
玉米粉…5g

≪材料≫

用黑醋栗果泥（務必要隔水加熱融化）取
代牛奶，參照p.7製作卡士達。非常容易
燒焦需要多加注意。

→使用頁面／p.57黑醋栗卡士達崔芙、p.58
卡士達三明治

Ⓒ 巧克力卡士達

巧克力建議使用可可含量60%以上的產品。
只要在卡士達加熱完成時混入即可。

≪材料≫ 方便製作的分量

牛奶…225g
蛋黃…35g
細砂糖…38g
低筋麵粉…10g
玉米粉…5g
苦甜巧克力…50g

≪材料≫

參照p.7製作卡士達。加熱完成時加入巧
克力，融化混拌。

→使用頁面／p.22天鵝泡芙、p.24巧克力卡
士達閃電泡芙

Ⓓ 開心果卡士達

攪散卡士達時添加開心果膏變化。
帕林內（pralines）或栗子泥等也同樣可以製作。

≪材料≫ 方便製作的分量

牛奶…225g
蛋黃…35g
細砂糖…38g
低筋麵粉…10g
玉米粉…5g
開心果泥（市售品）…30g

≪材料≫

參照p.7 ～ 8製作出確實呈濃郁狀態的卡
士達。攪散後加入開心果泥混拌。

→使用頁面／p.24開心果卡士達閃電泡芙

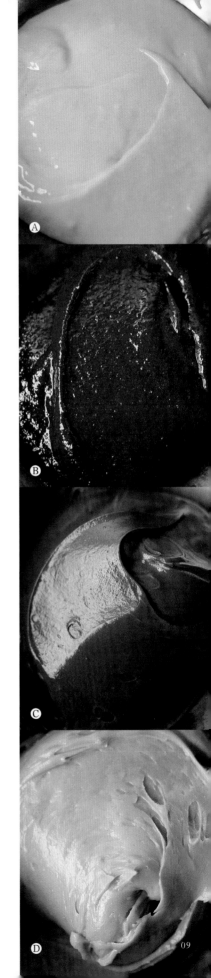

基本的卡士達醬汁

作為冰淇淋或慕斯等糕點的基底，或是用於甜點完成時的醬汁，
廣泛被運用的卡士達醬汁。不添加粉類的卡士達，就是醬汁的基本材料。
緩慢地、仔細地加熱，完成滑順的口感。

《**材料**》 方便製作的分量

蛋黃…40g

細砂糖…40g

牛奶…150g

香草莢…4cm

《製作方法》

1 在鍋中放入牛奶、香草莢和刮出的香草籽，用中火加熱至鍋壁產生小氣泡冒出滋滋的聲響。

2 在缽盆中放入蛋黃攪散，再加入細砂糖，立刻用攪拌器摩擦般混拌。

memo：細砂糖加入後，若沒有立即混拌，會容易產生結塊。

3 邊用攪拌器混拌邊少量逐次地倒入1，混拌。

4 倒回1的鍋中，用極小火加熱。以橡皮刮刀不斷地在鍋底攪拌，同時從鍋底緩慢地寫8字般地混拌。

memo：整體分量少，因此容易加熱，但也容易產生不均勻或結塊。不時地離火，慢慢地加熱即可。

5 待產生濃稠後離火。照片用手指劃過刮刀，會清楚留下痕跡的程度即可。

舀起醬汁無法停留在刮刀表面，就是濃稠不足。續加熱至手指劃過會留下痕跡。

6 趁熱以萬用濾網或較細網目的網篩，邊過濾邊倒至缽盆。在缽盆底部墊放冰水，使其迅速冷卻。

memo：急速冷卻是為了快速脫離雜菌繁殖的溫度。

如何使用擠花袋

本書介紹從卡士達的絞擠，到各種糕點的擠花法。

若能順手巧妙地進行，糕點的製作也會更加充滿趣味。

抓住重點，一起來學習擠花袋的使用方法吧。同時也介紹紙卷擠花袋的製作方式。

【擠花袋的材料】

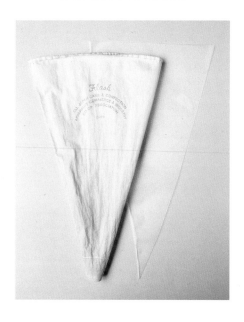

有可清洗重覆使用的類型（照片左／綿或聚酯纖維 Polyester），和拋棄式衛生塑膠製款（照片右）。不加熱絞擠後直接食用，請使用塑膠製；餅乾麵團等略硬的食材、或是絞擠後需要烘烤的，就適合使用可重覆使用的種類。

【擠花嘴的種類】

圓形花嘴

最受歡迎、經常使用的擠花嘴。當然除了用於裝飾，還用於麵團或奶油的絞擠、填裝奶餡或慕斯等。口徑10mm左右的大小用途最廣。小口徑也會用在鑽出填裝奶餡的小孔。

星形花嘴

與圓形花嘴相同，用於裝飾或麵團的絞擠。星芒切口越多，完成時越有華麗感。

單側花嘴

僅單面有細碎的切口，絞擠出口是扁平狀的擠花嘴。可以薄薄地絞擠出均勻的厚度。本書用於閃電泡芙的餅乾麵團（p.26）時。

直口玫瑰花嘴

絞擠出玫瑰花瓣時使用，細緻手工時使用的擠花嘴。可以絞擠出裝飾蛋糕的波浪狀或花邊等形狀。本書用於焦糖蘋果克拉芙緹（p.73）。

● 擠花袋內裝入擠花嘴

1 確認擠花嘴的大小，首先小小地裁切擠花袋前端。

2 擠花嘴放入擠花袋內，使前端確實露出，邊調整邊裁切。

● 奶餡裝填入擠花袋

1 扭轉擠花嘴後面的袋子，壓入擠花嘴中，使其塞住擠花袋的前端開口。

2 用手持握擠花袋中段位置，大開口向外側翻折至一半。

3 以橡皮刮刀舀起奶餡或麵糊，橡皮刮刀刮向用手持握擠花袋的食指，使奶餡或麵糊填入。

● 擠花袋的持握方式

1 扭緊擠花袋上方靠近裝有奶餡的位置，用右手姆指根部包夾。

2 用另一手抓取擠花袋的尾端。以全體手掌按壓奶餡，推向擠花口。

3 解開擠花嘴上方扭轉處，以食指和姆指抓握擠花袋，使擠花袋鼓脹般撐開。為防止食材回流，將擠花袋扭轉2～3次。

4 撐開的擠花袋，用單手輕輕抓握，成為立刻能擠出裝填材料的狀態即OK。

【紙卷擠花袋的製作方法】

紙卷擠花袋指的是，將三角形的紙捲起製作的擠花袋，可以用烤盤紙製作。
用在天鵝泡芙的細長頸脖或是蛋糕、餅乾的裝飾。

 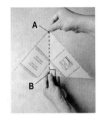  

1 B5(182×257mm)尺寸的長方形烤盤紙，如照片般整齊高度後對折。用美刀工等沿著折線裁切。

2 取1張步驟1裁切下的烤盤紙。三角形的**A**點至垂直向下的**B**點，就是紙卷擠花袋的兩端。

3 單手手指按壓在**B**點，邊調整使前端呈現尖角地，邊將紙張捲起，捲至最後又回到正面。

4 將捲至最後多出的紙折入。

5 完成紙卷擠花袋。

6 避免破壞紙卷擠花袋地填入奶餡，為防止散開，將填入口折疊起來。

7 填入口的左右如照片般，向內側折疊。

8 翻面，由上朝下折入2～3折，將奶餡推至前端。

9 用剪刀垂直地剪下紙卷擠花袋的尖端。

Part 1
泡芙麵糊的糕點

卡士達糕點中，大家最先想到的一定是泡芙。
正因為卡士達與泡芙的搭配最令人驚艷。
在此介紹從脆皮泡芙頂層的餅乾麵團，到不需絞擠直接烘烤的千層泡芙，
各種能烘托出卡士達風味、香氣及滋味，以泡芙麵糊製作的糕點。

脆皮泡芙 ◆◆◇

在泡芙麵糊上擺放餅乾麵團，作成更酥脆噴香的脆皮泡芙。
確實加熱的卡士達，濃縮了雞蛋的風味。
因為奶餡非常濃郁，泡芙做得略小一點搭配得恰到好處。

≪材料≫直徑5cm 約30個

【泡芙麵糊】
- 水…50g
- 牛奶…25g
- 奶油…45g
- 鹽…1小撮
- 低筋麵粉…55g
- 全蛋…120g

【餅乾麵團】
- 奶油…20g
- 細砂糖…20g
- 低筋麵粉…20g

【卡士達】
- 牛奶…450g
- 蛋黃…70g
- 細砂糖…76g
- 低筋麵粉…20g
- 玉米粉…10g

【卡士達鮮奶油 crème diplomate】
- 卡士達…上述全量
- 鮮奶油…160g

糖粉…適量

≪預備作業≫

◎泡芙麵糊的奶油切成1cm塊狀。
◎餅乾麵團的奶油回復室溫。
◎過篩全部的低筋麵粉。
◎直徑3.5cm的環形模蘸上高筋麵粉（用量外），在烤盤上印出形狀。
◎以250℃預熱烤箱。
◎烤盤若不是鐵氟龍加工，則舖放烤盤紙。烤盤紙以環形模與筆，劃出圓形為尺寸參考，翻面使用。。

memo：泡芙需要以高溫一氣呵成地膨脹，因此設定較高的預熱溫度。

≪製作方法≫

[餅乾麵團]

1 在缽盆中放入奶油，加入細砂糖和低筋麵粉。用橡皮刮刀按壓般地，將材料確實混拌至整合成團。

2 用刮板刮落沾黏在橡皮刮刀上的麵團，整合至缽盆內緣。麵團朝自己的方向逐次少量壓拌，待全體壓拌完成，轉動缽盆半圈，同樣地再次壓拌麵團。重覆這個動作至麵團呈滑順狀態。

3 將麵團上下包夾烤盤紙，用擀麵棍擀壓成1～2mm的厚度。

4 最後，不滾動擀麵棍在烤盤紙上滑過以平整表面。放入冷凍室冷卻至可使用切模按壓切下的硬度。

[泡芙麵糊]

5 在鍋中放入水、牛奶、奶油和鹽，加熱。液體溫熱後熄火，晃動鍋子使奶油融化。

memo：液體較少，因此務必要熄火使其融化。

6 再次加熱至沸騰後，熄火。

7 加入全部的低筋麵粉，用橡皮刮刀按壓般地迅速混拌。遇有結塊則壓碎。

8 當粉類消失後，以中火加熱，用橡皮刮刀按壓般地邊混拌邊加熱。

9 加熱至麵團產生透明感，鍋底像貼有薄膜般即可。同時當麵團變得較柔軟輕盈時，將鍋子離火。

10 將9移至缽盆中，使熱度消散地混拌數次，少量逐次地加入蛋液。每次加入後都用橡皮刮刀按壓般混拌。

memo：即使混拌時仍不均勻也沒關係，當蛋液的液體部分消失後，立刻加入部分蛋液。

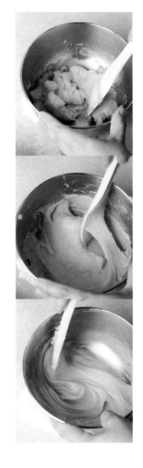

11 當蛋液加至約8成左右，麵團會產生黏性。在這個時間點就要充分混拌使整體均勻。若太硬仍呈現麵團狀，則可以再加入少量的蛋液，充分揉和混拌。

memo：成為滑順硬度均勻的麵糊狀態。

12 整合麵糊舀起時會沈重掉落，其餘會分2次咻～地掉落，剩餘的麵糊在橡皮刮刀上會呈現倒三角形，就是最適當的軟硬度。

13 用直徑1cm的圓形擠花嘴，擠出直徑3.5cm大小的圓形30個。可以擠至2個烤盤上。

memo：距離烤盤1cm高，固定地使擠花嘴垂直擠出直徑3.5cm的圓形。用擠花嘴在麵糊頂端輕輕按壓，迅速劃出圓形後離手，就能擠出相同大小。

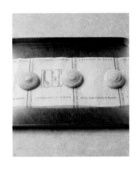

14 擠出麵糊後要稍加放置，因此在烘烤第1個烤盤後，再次提高烤箱溫度，同樣烘烤第2個烤盤即可。烘烤完成後會略為縮小，也可以在擠至烤盤後冷凍（以冷凍狀態烘烤）。

15 在泡芙麵糊表面噴灑大量水霧。

16 剝除冷凍備用餅乾麵團上下的烤盤紙。用直徑3cm的圓形切模壓切出圓片狀，放在泡芙麵糊的表面。

17 再次噴灑水霧，放入以250℃預熱的烤箱。

［烘烤］

18 降溫至200℃，烘烤約10分鐘至麵糊確實膨脹為止，降溫至170～180℃再烘烤約15分鐘。待裂紋都呈現烘烤色澤時，轉為130～150℃再烘烤約10分鐘。由烤箱中取出，在烤盤上冷卻。

memo：在烘烤過程中打開烤箱會使麵糊萎縮凹陷，因此至完成烘烤為止都不能打開箱門。

［卡士達鮮奶油］

19 參照 p.7～p.8製作出確實呈濃郁狀態的卡士達，冷卻。

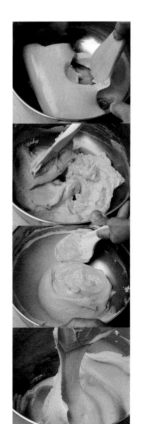

20 冷卻後會相當硬實。因此最初使用木杓由缽盆外側朝自己的方向，摩擦般地攪散。某個程度攪散後，改以橡皮刮刀同樣地進行攪拌。如照片般，由底部翻起攪拌至產生黏性地延展為止。若是舀起會直接斷裂就表示攪拌不足。

memo：過度攪拌會變得過於坍軟，請注意。

21 將鮮奶油放入底部墊有冰水的缽盆中，攪打至九分打發。

[完成]

24 用小刀將泡芙橫置對半分切。

22 將21的鮮奶油加入20的卡士達中，用橡皮刮刀一邊按壓，一邊舀起的仔細翻拌。

25 將卡士達鮮奶油填入裝有直徑1cm圓形擠花嘴的擠花袋內，在下層泡芙內擠出高過邊緣約3cm的卡士達鮮奶油。

26 覆蓋上方泡芙，篩上糖粉，完成。

23 若有卡士達的結塊，可用橡皮刮刀壓開後混拌。混拌至多少留有鮮奶油的狀態也沒關係。

memo：一旦殘留卡士達的結塊，會影響口感。

泡芙麵糊的水分和奶油，直換成沙拉油製作出膨鬆的液態油泡芙。
感受到表皮柔軟地，擠入大量攪拌後滑順濃稠的卡士達。
輕盈的滋味，放入保冷劑就是十分受歡迎的伴手禮。

雙重奶餡的泡芙◆◆◇

攪散成柔軟的卡士達和鬆軟的打發鮮奶油。
各別大量擠入2種奶餡，視覺上也非常豪華的液態油泡芙。
入口時奶餡混合的比例，讓滋味變化無窮。

≪**材料**≫直徑7cm 約12個

【液態油泡芙麵糊（共通／12個）】

- 牛奶…75g
- 沙拉油…45g
- 鹽…1小撮
- 低筋麵粉…55g
- 全蛋…120g

Ⓐ 濃稠卡士達泡芙

【卡士達】

- 牛奶…450g
- 蛋黃…70g
- 細砂糖…76g
- 低筋麵粉…20g
- 玉米粉…10g
- 香草莢…2cm

Ⓑ 雙重奶餡的泡芙

【卡士達】

- 牛奶…225g
- 蛋黃…35g
- 細砂糖…38g
- 低筋麵粉…10g
- 玉米粉…5g
- 香草莢…1cm

【打發鮮奶油】

- 鮮奶油…100g
- 細砂糖…8g

≪**預備作業**≫

◎ 各別過篩全部的低筋麵粉。

◎ 直徑3.5cm的環形模蘸上高筋麵粉（用量外），在烤盤上印出形狀（A）。

◎ 以250℃預熱烤箱。

≪**製作方法**≫

1　參照 p.17（5～12）製作液態油泡芙麵糊。只要將麵團的水量和奶油替換成沙拉油（a），製作方法相同。用1.2cm的擠花嘴在烤盤上擠成12個直徑5cm大小的圓形麵糊。避免移動擠花嘴，在高約1cm的位置垂直擠成圓形（b）。

2　在全體表面噴灑水霧。放入以250℃預熱的烤箱，立刻降溫至200℃，烘烤約15分鐘，再降溫至170～180℃續烤約10分鐘。待裂紋都呈現烘烤色澤時，轉為130～150℃再烘烤約10分鐘。由烤箱中取出直接冷卻。

memo：烤盤若不是鐵氟龍加工，則鋪放烤盤紙。烤盤紙以環形模與筆，劃出圓形為尺寸參考，翻面使用。

Ⓐ 濃稠卡士達泡芙

3　參照 p.7製作卡士達。用橡皮刮刀攪散成具流動性的濃稠狀態（c）。

4　在2的泡芙表皮底部用細口擠花嘴（或筷子等）刺出孔洞（d）。將3填放至裝有1cm圓形擠花嘴的擠花袋內，將卡士達擠入孔洞中（e）。用刀子刮除溢出的卡士達（f）。

Ⓑ 雙重奶餡的泡芙

3　參照 p.7製作卡士達。用橡皮刮刀攪散成乳霜狀（g），不要過度攪拌。

4　在缽盆中放入鮮奶油和細砂糖，底部墊放冰水，以手持電動攪拌機攪拌至八分打發。

5　從步驟2的泡芙上方的1/3（頂蓋）處切開。將3的卡士達裝入1.2cm圓形擠花嘴的擠花袋，擠入底部泡芙內，再用1.2cm的圓形擠花嘴擠入4的打發鮮奶油（h,i）。蓋上泡芙頂蓋。篩上糖粉（用量外）完成。

天鵝泡芙 ◆◆◇

令人憧憬的懷舊經典，美麗凜然的天鵝泡芙。
重點在於天鵝纖細長頸的絞擠方法。多多練習紙捲擠花袋的使用吧。
尺寸以及長頸傾斜的角度，左右成品的氛圍。

≪**材料**≫身體長7cm 約10個

【液態油泡芙麵糊】
　牛奶…75g
　沙拉油…45g
　鹽…1小撮
　低筋麵粉…55g
　全蛋…120g

【巧克力卡士達】
　牛奶…225g
　蛋黃…35g
　細砂糖…38g
　低筋麵粉…10g
　玉米粉…5g
　苦甜巧克力…50g

帕林內（Praliné）…30g

【打發鮮奶油】
　鮮奶油…150g
　細砂糖…12g

糖粉…適量

≪**預備作業**≫

◎ 過篩全部的低筋麵粉。

◎ 直徑4cm的環形模蘸上高筋麵粉（用量外），在烤盤上印出形狀。

◎ 製作紙卷擠花袋（參照 p.13）。

◎ 以250℃預熱烤箱。

◎ 烤盤若不是鐵氟龍加工，則舖放烤盤紙。烤盤紙以環形模與筆，劃出圓形為尺寸參考，翻面使用。

≪**製作方法**≫

1　參照 p.17（步驟5 ～ 12）製作液態油泡芙麵糊。只要將麵糊的水量和奶油替換成沙拉油，製作方法都相同。用1.2cm的圓形擠花嘴（留下少量頭頸用麵糊），在預備好的烤盤上擠出10個水滴狀的身體（長6cm、寬4 ～ 4.5cm）。慢慢地放鬆力道，至最後都不改變擠花嘴高度地拉長成水滴狀（a）。

2　在全體表面噴灑水霧。放入以250℃預熱的烤箱，立刻降溫至200℃，烘烤約15分鐘，再降溫至170 ～ 180℃烘烤約10分鐘。待裂紋都呈現烘烤色澤時，轉為130 ～ 150℃續烤約10分鐘。由烤箱中取出直接冷卻。

3　在烘烤身體部分時擠出頭頸部分。將留下的泡芙麵糊填入紙卷擠花袋內，擠成長6 ～ 7cm的逆向S形。頸脖部分流動般地擠出，頭的部分則是堆疊麵糊使其隆起，做出鳥嘴狀（過細容易烤焦也容易折斷）（b）。噴灑水霧，以180℃的烤箱烘烤10 ～ 15分鐘。雖然配合身體部分只要10個就可以，但頸脖容易折斷，可以多做一點選擇形狀漂亮的。由烤箱中取出直接冷卻。

4　參照 p.9製作巧克力卡士達。充分冷卻後，攪散加入帕林內，混拌至均勻沒有結塊（c）。

5　在缽盆中放入鮮奶油和細砂糖，底部墊放冰水，以手持電動攪拌機攪拌至八分打發。

6　從步驟2作為身體的泡芙1/3（頂蓋）處切開（d），切下的上層再縱向對切（e），做成翅膀。

7　下層泡芙內用1.2cm的圓形擠花嘴，擠入4的奶餡。

8　用星形擠花嘴將5的打發鮮奶油，擠在7的表面共3列（f）。

9　輕輕地將頭部插入（g），翅膀的泡芙則呈八字型擺放（h）。在翅膀部分篩上糖粉，完成。

巧克力卡士達
閃電泡芙

澆淋巧克力的閃電泡芙

開心果卡士達
閃電泡芙

閃電泡芙3款 ◆◆◇

完全不輸給原味泡芙，同樣受到歡迎的閃電泡芙。
在此介紹烘烤成棒狀的泡芙，填入卡士達再澆淋上大家熟知的巧克力、
脆皮閃電泡芙對半分切後填入卡士達、
與搭配上水果的3種閃電泡芙。

澆淋巧克力的閃電泡芙

≪材料≫ 長13cm約15條

【泡芙麵糊】
- 水…50g
- 牛奶…25g
- 奶油…45g
- 鹽…1小撮
- 低筋麵粉…55g
- 全蛋…100g

【卡士達】
- 牛奶…450g
- 香草莢…2cm
- 蛋黃…70g
- 細砂糖…76g
- 低筋麵粉…20g
- 玉米粉…10g

【澆淋巧克力】
- 巧克力…200g
- 鮮奶油…100g
- 沙拉油…8g

≪預備作業≫

◎ 過篩全部的低筋麵粉。

◎ 以250℃預熱烤箱。

◎ 烤盤若不是鐵氟龍加工時，則舖放烤盤紙。

≪製作方法≫

1　參照 p.17（5～12）製作泡芙麵糊。用1.2cm星形擠花嘴在烤盤上絞擠成15條棒狀。擺放尺規（a），慢慢地擠成約12cm長、寬2～2.5cm的棒狀。

2　在全體表面噴灑水霧。放入以250℃預熱的烤箱，立刻降溫至200℃，烘焙約20分鐘，再降溫至170～180℃烘焙約10分鐘。等呈現烘烤色澤時，轉為130～150℃再烘焙約5分鐘。由烤箱中取出在烤盤上冷卻。

3　參照 p.7製作卡士達。充分冷卻後攪散。

4　在冷卻後2的泡芙餅皮底部，用細的擠花嘴（或筷子等）刺出2個填裝奶餡的孔洞（b）。

5　將3填入裝有1cm圓形擠花嘴的擠花袋內，從3的孔洞中填入滿滿的奶餡（c）。當有少許奶餡從另一個孔洞溢出時，就是已經填滿的證明。

6　製作澆淋巧克力。巧克力隔水加融化。在鍋中放入鮮奶油和沙拉油，避免沸騰地加熱，少量逐次地加入巧克力（d），每次加入後立即用橡皮刮刀混拌。

7　將5的表面輕巧的浸入6中，使其滴落地拿取（e），在缽盆邊緣甩落多餘的巧克力。表面沒沾到巧克力的地方用橡皮刮刀輕輕地填平（f）。放入冷藏室使巧克力冷卻凝固。

memo：製作方法1，用圓形擠花嘴絞擠，之後用叉子均勻地劃入線條也可以，但若使用星形擠花嘴可以省下這個工序。

memo：製作方法6，若巧克力較硬時，可以補上少許鮮奶油調整硬度。

■ 澆淋巧克力的閃電泡芙（濃稠卡士達）

只要提到閃電泡芙，就是這個形狀。因添加了沙拉油，是為了簡單製作出澆淋巧克力所下的一點工夫。待充分冷卻後再享用吧。

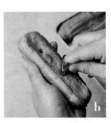

巧克力卡士達閃電泡芙
開心果卡士達閃電泡芙

≪**材料**≫長13cm 各12條

【泡芙麵糊（共通／12條）】
- 水…50g
- 牛奶…25g
- 奶油…45g
- 鹽…1小撮
- 低筋麵粉…55g
- 全蛋…100g

【餅乾麵團（共通／12條）】
- 奶油…50g
- 細砂糖…45g
- 鹽…1小撮
- 低筋麵粉…10g
- 杏仁粉…60g
- 全蛋…65g

Ⓐ 巧克力卡士達閃電泡芙

【巧克力卡士達】
- 牛奶…225g
- 蛋黃…35g
- 細砂糖…38g
- 低筋麵粉…10g
- 玉米粉…5g
- 苦甜巧克力…50g

鮮奶油…150g

細砂糖…12g

糖粉…適量

Ⓑ 開心果卡士達閃電泡芙

【開心果卡士達】
- 牛奶…225g
- 蛋黃…35g
- 細砂糖…38g
- 低筋麵粉…10g
- 玉米粉…5g
- 開心果醬（市售品）…30g

鮮奶油…100g

細砂糖…8g

櫻桃、藍莓…各適量

≪**預備作業**≫

◎餅乾麵團的低筋麵粉和杏仁粉混合後過篩。

◎以200℃預熱烤箱。

◎烤盤若不是鐵氟龍加工，則舖放烤盤紙。

≪**製作方法**≫

1　參照p.17（5～11）製作泡芙麵糊。

2　製作餅乾麵團。在缽盆中放入奶油，用橡皮刮刀混拌，加入細砂糖和鹽，避免攪入空氣地混拌。混入完成過篩的粉類，以最少的混拌次數使其混合均勻（a）。接著少量逐次加入攪散的蛋液（b），每次加入後都充分混拌使其乳化（c,d）。

3　將**1**的泡芙麵糊放進裝有1.2cm圓形擠花嘴的擠花袋內，在烤盤上擠成12條約12cm的棒狀（e）。擺放尺規，慢慢地擠出即可。

4　將**2**的餅乾麵團放進裝有單側擠花嘴的擠花袋，在**3**的表面擠出長條狀（f）。

5　在全體表面噴灑水霧。放入以200℃預熱的烤箱，立刻降溫至180℃，烘烤約20分鐘，再降溫至150℃烘烤約10分鐘。等呈現烘烤色澤時，轉為130℃續烤約5分鐘。由烤箱中取出在烤盤上冷卻。

memo：餅乾麵團容易烤焦，因此降低烘烤溫度。藉由表面的餅乾麵團，使泡芙烘烤出漂亮的形狀。

Ⓐ 巧克力卡士達閃電泡芙

6　參照 p.9 製作巧克力卡士達。用橡皮刮刀攪散成乳
　　霜狀。

7　在缽盆中放入鮮奶油和細砂糖，底部墊放冰水，以手
　　持電動攪拌機攪拌至八分打發。

8　將5的泡芙橫向對半切開。在下方泡芙內，以圓形擠
　　花嘴擠入6的巧克力卡士達(g)。上方再用星形擠花
　　嘴擠7的打發鮮奶油(h)，蓋上泡芙頂蓋，篩上糖粉。

Ⓑ 開心果卡士達閃電泡芙

6　參照 p.9 製作開心果卡士達(i)。用橡皮刮刀攪散成乳
　　霜狀。

7　在缽盆中放入鮮奶油和細砂糖，底部墊放冰水，以手
　　持電動攪拌機攪拌至八分打發。

8　將5的泡芙橫向從1/3處切開。在下方泡芙內，以圓
　　形擠花嘴擠入7的打發鮮奶油。埋入切碎的櫻桃。上
　　方再用星形擠花嘴擠6的開心果卡士達(j)，裝飾上
　　切成薄片的櫻桃和藍莓。

■ 巧克力卡士達閃電泡芙（巧克力卡士
達＋打發鮮奶油）

擠上餅乾麵團烘烤的脆皮閃電泡芙內，
擠入巧克力卡士達和打發鮮奶油。

用打發鮮奶油中添加的砂糖量，來調整
甜度。

■ 開心果卡士達閃電泡芙（打發鮮奶油
＋開心果卡士達＋水果）

煮得略硬的卡士達中加了開心果的濃郁
與香氣，成為開心果卡士達。

除了藍莓和櫻桃之外，酸甜適中的草莓、
黑醋栗、覆盆子等也很適合。

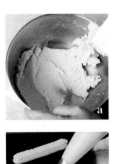

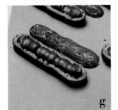

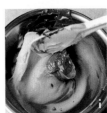

千層泡芙 ◆◆◆

提到泡芙就會有需要擠出麵糊的印象，但其實也可以薄薄的舖在烤盤上烘烤。
混合了打發鮮奶油和卡士達的內餡，
與泡芙餅皮層疊製成的千層泡芙。
考量到切面的美觀，將帶有酸味的黑醋栗撒在其中提味。

≪**材料**≫ 1個

【泡芙麵糊】

牛奶…25g
水…50g
奶油…45g
鹽…1小撮
低筋麵粉…55g
全蛋…120g

【酥粒 crumble（2個用量）】

奶油…20g
細砂糖…25g
杏仁粉…10g
低筋麵粉…25g

【卡士達】

牛奶…260g
蛋黃…60g
細砂糖…80g
低筋麵粉…18g
玉米粉…17g
奶油 A…15g
櫻桃白蘭地…20g
奶油 B…95g

【糖漬黑醋栗*】

黑醋栗（冷凍）…150g
水…150g
細砂糖…75g

糖粉…適量

* 水和細砂糖混合，煮至沸騰的糖漿
倒入黑醋栗中。

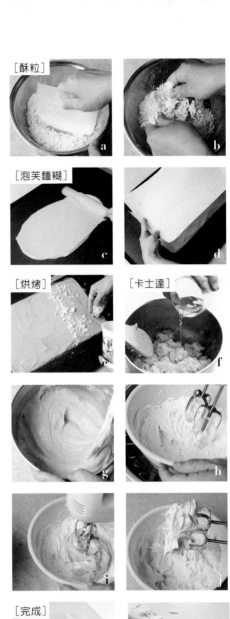

[酥粒]

[泡芙麵糊]

[烘烤]　　　　　[卡士達]

≪預備作業≫

◎酥粒的奶油儘可能切成細粒狀，與其他材料混合後放入冷凍室凝固，但不需凍結。

◎烤盤紙裁切成約36x25cm大小（或是12x25cm），依烤盤大小裁切。

◎以160℃預熱烤箱。

◎烤盤若不是鐵氟龍加工，則舖放烤盤紙。

≪製作方法≫

1　[卡士達]參照p.7製作。加熱完成時加入奶油A使其融化混合均勻，確實冷卻。

2　[酥粒]在缽盆中放入已經冷卻的材料，用刮板切拌成粉狀起司般（a）。略有結塊的程度，用指尖抓捏（b）。

3　[泡芙麵糊]參照p.17（5〜12）製作泡芙麵糊。將麵糊舀在烤盤上，用刮板均勻攤平成約36x25cm大小（或是12x25cm大小3片）（c）。避免過薄地均勻推開攤平。以烤盤紙比對（d），作為大小的依據。

4　[烘烤]麵糊縱向1/3的部分（或是3片中的其中1片），撒上酥粒（e）。以160℃烘烤約20分鐘。

5　[卡士達]1的卡士達中少量逐次混入櫻桃白蘭地（f），用橡皮刮刀攪拌均勻（g）。

6　缽盆中放入奶油B，底部墊放冰水，以手持電動攪拌機攪打約3分鐘，打發至膨鬆柔軟為止（h）。

7　將5少量逐次加入6，用手持電動攪拌機混拌（i）。一旦過度混拌會使奶油中飽含的空氣流失、奶油融化，必須多加注意。打發至尖角直立的狀態時停止（j）。

8　[完成]切除4的泡芙餅皮邊緣，切成3等分。分3片烘烤時，則是將3片裁切成相同大小（k,l），最上層是撒上酥粒的泡芙。將7放入裝有1.2cm圓形擠花嘴的擠花袋內，擠在第1片泡芙餅皮上，用抹刀推開塗抹，撒放糖漬黑醋栗。再次擠出7推開塗抹，放上第2片泡芙餅皮。第2片也重覆相同步驟（m），擺放最上層酥粒的泡芙，以厚紙板從上方確實按壓平整（n），整理側面溢出的奶餡（o）。

9　置於冷藏室冷卻，篩上糖粉，切成方便享用的大小。

mome1：泡芙餅皮推展的尺寸為參考標準。

mome2：剩餘的酥粒可以冷凍保存。

mome3：糖漬黑醋栗也可以使用黑醋栗果醬。

[完成]

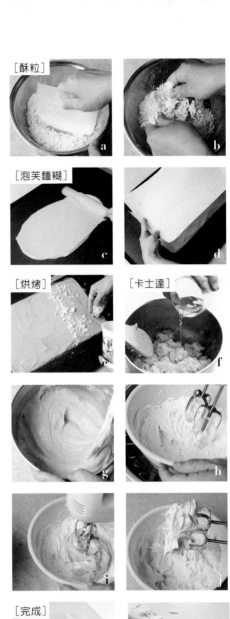

Column 1

卡士達基底的甜點

雞蛋風味柔和的卡士達醬。
理所當然地可作為甜點的醬汁，
也是慕斯、芭芭露亞、冰淇淋等甜點中不可或缺的存在。

香草巴巴露亞 ◆◇◇

用充滿香草香氣的卡士達醬汁製作的巴巴露亞，
入口即化、濃郁美味。
想要保留水果醬汁的色香味，
最重要的是不要熬煮。

≪材料≫直徑16cm花型模1個

【卡士達醬汁】
- 香草莢…4cm
- 蛋黃…40g
- 細砂糖…45g
- 牛奶…150g

板狀明膠…4.5g
鮮奶油…150g
草莓、奇異果、杏桃、藍莓等水果
…適量
草莓、奇異果、杏桃的水果醬汁*
…適量

*水果搗碎後放入小鍋中，和糖漿（水和
細砂糖以1：1的比例混合，煮至沸騰後
冷卻製成）一起用極小火加熱。糖漿用量
可以視水果甜度調整。

≪預備作業≫

◎用大量冰水還原板狀明膠。

≪製作方法≫

1　參照 p.11（1～5）製作卡士達醬汁。待醬汁變得濃稠
時，加入還原的板狀明膠，使其溶化混拌，放入底部
墊放冰水的缽盆中，用橡皮刮刀混拌降溫（a）。

2　在另外的缽盆中放入鮮奶油，底部墊放冰水，以手持
電動攪拌機攪拌至七分打發（b）。

3　舀起 2 加入 1 中（c），用攪拌器混拌。

4　將全部的 3 加入 2 的打發鮮奶油缽盆中（d），用攪拌
器輕巧地舀起般混拌。混拌至某個程度後，改用橡皮
刮刀，再繼續舀起般混拌。不再呈現大理石紋，整體
均勻即 OK（e）。

5　倒入模型中（f），放入冷藏 2 小時以上使其凝固。待
凝固後，將模型迅速浸過熱水，脫模至盤中。周圍裝
飾上切成一口大小的水果，佐以水果醬汁。

a
b
c
d
e
f

紅茶巴巴露亞◆◇◇

燜蒸萃取出伯爵茶香氣的巴巴露亞。
簡單、冰涼、香氣十足的糕點。

≪材料≫容量60ml的果凍模型4個

【卡士達醬汁】

紅茶茶葉＊（伯爵茶）…6g

| 蛋黃…40g
| 細砂糖…40g
| 牛奶…150g

板狀明膠…4g

鮮奶油…80g

＊茶葉的種類使用個人喜好的也OK。

≪預備作業≫

◎用大量冰水還原板狀明膠。

≪製作方法≫

1 溫熱牛奶至即將沸騰，加入紅茶茶葉，蓋上鍋蓋燜蒸約3分鐘。過濾後(a)量測，不足量加入牛奶補足至150g（b）。

2 參照p.11（1～5）製作卡士達醬汁。待醬汁變得濃稠時，加入還原的板狀明膠，使其溶化混拌，放入底部墊放冰水的缽盆中，用橡皮刮刀混拌至降溫。

3 在另外的缽盆中放入鮮奶油，底部墊放冰水，攪拌至六～七分打發。

4 舀起3加入2中，用攪拌器混拌。

5 將全部的4加入3的打發鮮奶油缽盆中，用攪拌器輕巧地舀起般混拌。混拌至某個程度後，改用橡皮刮刀，再繼續舀起般混拌。不再呈現大理石紋，整體均勻即OK。

6 等分地倒入模型中，放入冷藏2小時以上使其凝固。

7 待凝固後，將模型迅速浸過熱水，倒扣脫模至盤中。

椰子鳳梨布丁盅 ◆◇◇

將椰子香氣轉移至牛奶製成的卡士達醬汁，
再以明膠凝固冷卻製成甜點。
搭配熱帶水果糖漬鳳梨的甜味，
與百香果酸味形成風味的重點。

（→製作方法 p.36）

香料巧克力布丁盅◆◇◇

利用甘那許緩慢凝固完成的布丁盅。
巧克力中添加十分合拍的肉桂、大茴香等異國風味香料。
請依個人喜好地添加糖煮水果。

（→製作方法 p.37）

椰子鳳梨布丁盅

≪**材料**≫容量80ml的玻璃杯6個

【卡士達醬汁】

　　蛋黃…50g

　　細砂糖…50g

　　牛奶…340g

椰子粉（或椰子絲）…30g

鮮奶油…100g

板狀明膠…4g

糖漬鳳梨（製作方法參考如下）

　　…全量（每個約35g）

百香果果肉含籽…適量

【糖漬鳳梨醬汁】

　　糖漬鳳梨的糖漿…120g

　　玉米粉…6g

薄荷等香草…少許

≪**預備作業**≫

◎用大量冰水還原板狀明膠。

≪**製作方法**≫

1　溫熱牛奶至即將沸騰，加入椰子粉，蓋上鍋蓋燜蒸約5分鐘。過濾後（a）量測，不足量加入牛奶補足，再加入鮮奶油混拌。

2　參照 p.11（1～5）製作卡士達醬汁。待醬汁變得濃稠時，加入還原的板狀明膠（b），使其溶化混拌，過濾。放入底部墊放冰水的缽盆中，用橡皮刮刀混拌至降溫。

3　等量倒入玻璃杯中，置於冷藏約2小時以上使其凝固。

4　製作糖漬鳳梨醬汁。糖漬鳳梨糖漿中加入玉米粉，用小火加熱不斷混拌加溫。待成為透明狀，產生濃稠時，冷卻備用。以糖漿調整濃稠的程度。

5　在3擺放切碎的糖漬鳳梨並澆淋醬汁，綴以百香果果肉含籽。裝飾上薄荷葉。

糖漬鳳梨

材料（方便製作的分量）**及製作方法**

水150g加入細砂糖50g混合煮至沸騰，熄火，放入少量薄荷，蓋上鍋蓋使香氣移轉至糖漿中。將糖漿倒入200g切成一口大小的鳳梨內，醃漬一晚。

香料巧克力布丁盅

≪**材料**≫容量90ml的玻璃杯5個

苦甜巧克力（可可成分70%）…50g
牛奶巧克力（可可成分33%）…50g

【卡士達醬汁】

- A
  - 牛奶…250g
  - 鮮奶油…100g
  - 肉桂棒…1根
  - 八角…1個
  - 蛋黃…60g
  - 細砂糖…20g

鮮奶油（完成時使用）… 適量
紅酒糖煮無花果（製作方法參考如下）
　　… 適量

≪**預備作業**≫

◎ 巧克力若是塊狀需切碎。

≪**製作方法**≫

1　在缽盆中放入2種巧克力，隔水加熱融化。

2　在鍋中放入 **A**（a），用中火加熱至鍋壁產生小氣泡冒出滋滋的聲響。熄火，蓋上鍋蓋燜約5分鐘，使肉桂和八角的味道移轉至牛奶。

3　參照p.11（1～5）製作卡士達醬汁。少量逐次地加入1中，使其乳化（b～d）。以濾網過濾備用。

4　輕巧地等量倒入玻璃杯中，置於冷藏室冷卻一夜。

5　鮮奶油（完成用）邊墊放冰水邊攪打至八分打發，與紅酒煮無花果一起放入杯中裝飾。

memo：牛奶或鮮奶油等液體加入融化巧克力時，務必要少量逐次地使其乳化。

紅酒糖煮無花果

材料（方便製作的分量）

無花果…5個

- A
  - 紅酒、水…各150g
  - 細砂糖…60g
  - 肉桂棒…1/2根
  - 丁香…2～5粒

製作方法

❶ 在鍋中放入 **A** 煮至沸騰，熄火後加入剝去表皮的無花果。

❷ 再次以小火加熱，用烤盤紙作成落蓋，煮約3分鐘。

❸ 降溫後，置於冷藏室一夜冷卻。

Part 2
憧憬的糕點

卡士達與海綿蛋糕、脆餅、塔餅等搭配，
不但能在香氣、口感及風味上相互搭配，更能完全發揮美味。
雖然需要多花一點工夫與時間，但製作完成時的成就感更甚以往。
在此介紹以卡士達爲主角的新鮮糕點，與烘烤糕點等。

水果塔 ◆◆◇

濃郁奶油風味的甜酥麵團（pâte sucrée），填滿杏仁奶油餡和卡士達混合而成的卡士達杏仁奶油餡（frangipane）烘烤而成。卡士達杏仁奶油餡確實添加糖漿混合，撲滿塔底就是製作的重點。上方再擠上卡士達、裝飾當季鮮艷的水果，像是彩色絢麗寶盒般的塔。也很推薦利用再次整合的甜酥麵團，製成更輕巧如餅乾般的小塔。

≪**材料**≫ 直徑 15cm 的塔模 2 個

【甜酥麵團 pâte sucrée】
- 奶油…80g
- 糖粉…40g
- 鹽…1 小撮
- 全蛋…30g
- 杏仁粉…20g
- 低筋麵粉…140g

【卡士達】
- 牛奶…170g
- 蛋黃…20g
- 細砂糖…25g
- 低筋麵粉…6g
- 玉米粉…3g

【杏仁奶油餡】
- 奶油…54g
- 糖粉…45g
- 杏仁粉…54g
- 全蛋…50g

【卡士達杏仁奶油餡 frangipane】
- 卡士達…上述100g
- 杏仁奶油餡…上述全量

糖漿＊（水40g、細砂糖20g）
櫻桃白蘭地…3g

【裝飾】
個人喜好的當季水果及香草（草莓、柳橙、無花果、藍莓、覆盆子、香葉芹等）…適量

＊水和細砂糖混合，煮至沸騰溶化砂糖後冷卻。

≪**預備作業**≫

◎ 甜酥麵團、杏仁奶油餡的奶油回復室溫。
◎ 全部的粉類過篩備用。
◎ 甜酥麵團於前一天製作。
◎ 以170℃預熱烤箱。

≪**製作方法**≫

[甜酥麵團]

1 在缽盆中放入奶油，用橡皮刮刀混拌成乳霜狀。加入糖粉和鹽，用橡皮刮刀按壓般混拌至全體均勻為止。

2 加入少量蛋液。

3 以橡皮刮刀前端按壓缽盆底部，圈狀混拌使其乳化。

memo：一旦乳化就會像照片般，混合物會從缽盆側面滑落。

4 重覆3的步驟，加入全部的蛋液混拌，至體積膨脹，確實呈乳化狀態即 OK。

5 加入低筋麵粉和杏仁粉，用橡皮刮刀切開般混拌至整合成團。

9 工作檯上略撒手粉（用量外），將麵團分成2份，分別滾圓成圓柱形。

6 用刮板刮落沾黏在橡皮刮刀上的麵團，整合至缽盆朝外側的地方。麵團朝自己的方向逐次少量刮拌，待全體刮拌後，轉動缽盆半圈，同樣地再次刮拌麵團。重覆這個動作至麵團呈滑順狀態。

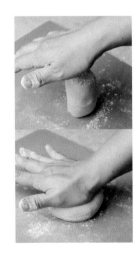

10 將圓柱形立起，用手掌輕輕按壓。

11 擀麵棍輕觸麵團前後滾動。略略擀壓後，每次轉動30度前後滾動擀麵棍。迅速地重覆這個動作，擀壓成較模型略大的圓片狀。

memo1：保持圓片狀地進行延展，可避免一次擀壓造成麵團過薄。

memo2：延展過程中，每當麵團變得太軟時，再次放回冷藏冷卻。

7 整合成團後，用保鮮膜包覆，以擀麵棍擀壓成均等的厚度。置於冷藏室一夜。

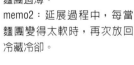

[甜酥麵團的延展]

8 剝除保鮮膜，以手掌揉至全體呈均勻的硬度。

12 用擀麵混捲起麵皮，舖放在烤盤紙上，放入冷藏靜置約30分鐘。另一份麵團也同樣重覆10～12的步驟，冷藏備用。

memo：將麵皮放在略撒手粉（用量外）的烤盤紙上冷藏備用，可避免沾黏。

［鋪放至模型中］

13 輕拍麵皮至稍微可彎折的軟度，覆蓋在模型上。

17 多餘的麵皮推倒至外側。在模型邊緣滾動擀麵棍，切去多餘的麵皮。這些麵皮整合後就是二次麵團（請參照 p.43「餅乾式水果塔」）。

14 捏住麵皮邊緣，粗略地放入模型中。

memo：絕對不能拉扯麵皮。

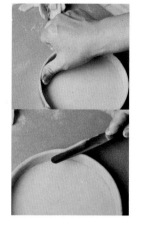

18 再次使麵皮貼合地按壓一圈。用抹刀刮除模型邊緣多餘的麵皮。在冷凍室靜置30分鐘左右。

15 將麵皮折至模型邊角，再豎起折入的麵皮。這個動作重複一圈。

memo1：要注意避免按壓而改變麵皮厚度。

memo2：每當麵皮變得太軟時，就再次放回冷藏冷卻。

19 以叉子在底部刺出孔洞（piquer），置於冷藏室凝固。

memo：藉由刺出蒸氣散發的孔洞，使麵皮能均勻受熱。

[杏仁奶油餡]

20 在缽盆中放入奶油，加入糖粉，用橡皮刮刀按壓般混拌。加入杏仁粉，同樣混拌。

16 用手指使麵皮貼合模型內側。

21 加入少量攪散的蛋液，以橡皮刮刀前端按壓缽盆底部，邊圈狀混拌使其乳化。

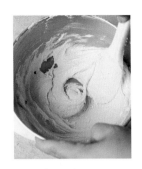

22 當材料體積稍微膨脹,加入少量蛋液,同樣以橡皮刮刀混拌。待蛋液融入後再重覆相同步驟。

memo:確實乳化後再接著加入蛋液,若還沒完全混拌融合前就加入太多蛋液,容易產生分離。

23 當材料攪拌成膨脹具彈力的狀態時即 OK。

[卡士達杏仁奶油餡]

24 參照 p.7 製作卡士達。用橡皮刮刀將冷卻的卡士達攪散成像照片般滑順的狀態。

25 量秤 **24** 的卡士達100g加入 **23** 的杏仁奶油餡中,混拌至確實乳化。

memo:其餘的卡士達在完成時使用。

26 用橡皮刮刀將卡士達杏仁奶油餡填入 **19**,平整表面。

memo:將步驟 **12** 擀開的另一個甜酥麵團,舖放在空出來的模型中,以填入卡士達杏仁奶油餡的狀態下冷凍(以冷凍狀態直接烘烤)。也可以在步驟 **27** 完成烘烤狀態下冷凍保存。

[烘烤]

27 以170℃的烤箱烘烤約30分鐘。趁熱刷塗大量添加了櫻桃白蘭地的糖漿,脫模。倒扣在烤盤紙上冷卻。

[完成]

28 將其餘的卡士達放入裝有1.2cm圓形擠花嘴的擠花袋,擠滿至接近邊緣的內側位置。水果切成方便食用的大小,用廚房紙巾拭乾水分後裝飾。在冷卻前水果先放置於冷藏室。

memo:為了讓水果呈現繽紛勻稱地外觀,從體積較大的開始擺放,就能漂亮地完成。

Arrange
餅乾式水果塔

整合步驟 **17** 切下的甜酥麵團,用擀麵棍擀壓成2mm厚。在冷凍室充分冷卻後,依個人喜好切成四方形或三角形。以170℃的烤箱烘烤15〜20分鐘。擠上卡士達,裝飾上水果。

 → →

卡士達法式蛋塔 ◆◆◇

底部塔皮麵團（pâte brisée）的酥脆口感，使用略多玉米粉製成 Q 彈滑順的卡士達，
再篩上香草糖烘烤成薄脆的焦糖層。
3 種口感共譜出絕妙的美味。

≪材料≫直徑15cm的環形模1個

【酥脆塔皮麵團 pâte brisée（2個）】
 蛋黃…5g
 水…23g
 鹽…2g
 細砂糖…5g
 奶油…75g
 低筋麵粉…113g
 高筋麵粉…3g
【卡士達（1個）】
 蛋黃…75g
 細砂糖…90g
 玉米粉…38g
 牛奶…375g
 鮮奶油…105g
香草糖（市售品）…適量

≪預備作業≫

◎酥脆塔皮麵團在前一天製作。
◎步驟6壓切麵團後，在環形模內側刷塗奶油篩上高筋麵粉（皆用量外），置於冷凍室冷卻。
◎在烤盤上舖烤盤紙。
◎空燒酥脆塔皮麵團前以200℃預熱烤箱；在烘烤卡士達法式蛋塔前，以180℃預熱烤箱。

≪製作方法≫

1　製作酥脆塔皮麵團。在缽盆中依序放入蛋黃、水、鹽、細砂糖，混拌使糖、鹽溶化，置於冷藏室冷卻備用。

2　在另外的缽盆中放入奶油、低筋麵粉和高筋麵粉，使用刮板，將奶油細細地切成1cm塊狀。使奶油沾裹上粉類，置於冷凍室充分冷卻，但不結凍。

3　將2放入食物調理機中，將奶油攪打成像粉狀起司般（a）。加入全部的1（b），用橡皮刮刀迅速地混拌。待液體消失，用指尖搓拌混合，待鬆散的粉狀消失結合成團即可（c）。

4　分成2份用保鮮膜包覆（d），各別用擀麵棍按壓成圓餅狀，放入冷藏靜置一夜。

5　撒上手粉（用量外）用擀麵棍將麵團擀壓成直徑16～17cm、厚3mm的圓片狀。用刮板等翻起麵皮撒上手粉（用量外）靜置於冷藏室約30分鐘以上。

6　以叉子刺出孔洞（piquer），用直徑15cm的環形模壓切（e）。上下用烤盤紙包夾置於烤盤上，再壓上另一片烤盤（f）。

7　放入以200℃的烤箱，空燒15分鐘。待完成時趁熱以毛刷塗抹蛋液（用量外），再次放入烤箱中，烘烤約3～5分鐘至呈現黃金烘烤色澤（g）。

8　將酥脆塔皮放置在烤盤上，套上預備好的環形模（h）。

9　參照p.7製作卡士達。混合牛奶和鮮奶油放入鍋中，加熱至產生小氣泡冒出滋滋的聲響。待卡士達加熱完成後，立刻填放到8內（i），篩上香草糖（j）。

10　以180℃的烤箱烘烤約35分鐘。降溫，置於冷藏室冷卻。

memo：酥脆塔皮麵團是2個的分量，因此壓切出2片後，1片可以冷凍保存。

卡士達巴斯克◆◆◇

使用了大量奶油的巴斯克麵團與卡士達，
麵團與餅乾底添加的檸檬酸香，更提升風味。
表面請用竹籤劃出喜好的圖紋。能常溫攜帶也適合作為禮物。

≪材料≫直徑12cm底部活動模2個

【巴斯克麵團2個（1個／約180g）】
- 奶油…80g
- A
  - 糖粉…96g
  - 鹽…1小撮
  - 檸檬皮（國產、磨碎）…1個
- 全蛋…30g
- 蛋黃…30g
- 低筋麵粉…130g

【卡士達2個的用量（1個／約70g）】
- 牛奶…135g
- 香草莢…2cm
- 蛋黃…27g
- 細砂糖…27g
- 低筋麵粉…16g
- 杏仁粉…16g
- 奶油…6g

糖漬檸檬皮…20～40g

≪預備作業≫

◎巴斯克麵團的奶油回復室溫，低筋麵粉過篩。

◎模型內薄薄刷塗奶油（用量外）。

◎以170℃預熱烤箱。

≪製作方法≫

1 參照p.7製作卡士達。混合低筋麵粉和杏仁粉加入。（這款卡士達添加較多粉類，沈重且容易燒焦，必須確實迅速混拌）加熱時混拌手感突然變得輕盈時，加入奶油混合（a）。放入缽盆中墊放冰水冷卻。

2 製作巴斯克麵團。在缽盆中放入奶油、A，用橡皮刮刀混拌成乳霜狀。

3 混合全蛋和蛋黃攪散後，少量逐次避免分離地加入2，每次加入後都充分混拌。

4 混拌低筋麵粉，放入裝有1cm圓形擠花嘴的擠花袋中。

5 沿著模型底部邊緣擠成渦卷狀，再沿著模型側面擠（b）（剩餘的麵團保持可絞擠的硬度備用）。

6 將5放入冷凍室，使其凝固至不沾手為止。

7 在6各排放1/2分量的糖漬檸檬皮（c）、1/2分量的卡士達（d），用橡皮刮刀按壓。步驟5剩餘的巴斯克麵團在卡士達上擠成渦卷狀（e），用刮板平整表面（f）。邊緣以指腹拭去多餘的麵團。

8 用刷子將攪散的蛋液（分量外）刷塗在7表面（g），放入冷藏室使其乾燥，再刷塗一次。

9 中央刺出孔洞（h），用竹籤在乾燥的蛋液上劃出喜歡的圖紋（i）。用大姆指擦拭邊緣一圈（j）。

10 放入170℃的烤箱烘烤約50分鐘，烘烤至呈黃金色澤。降溫，脫模。

memo：不立即烘烤時，可以在步驟7之後冷藏保存，在2～3天內烘烤。

圖紋的描繪方法

首先用竹籤描繪出十字線，以此為主要脈絡地描繪出4片葉子。葉片與葉片間描繪出4片只能看到尖端的葉子。葉片的間隙中各描畫出2～4枝葉脈。

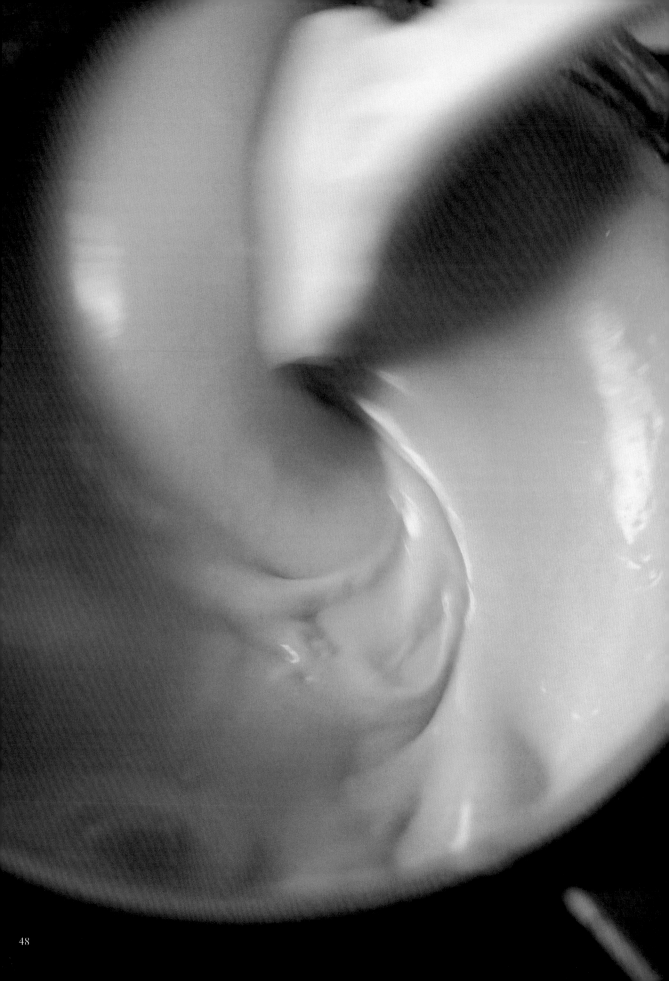

柳橙卡士達含羞草蛋糕◆◆◇

細緻的熱內亞蛋糕（génoise）內，有著柳橙汁製成的卡士達夾心。
表面仔細地裝飾上磨碎的熱內亞蛋糕，看起來就像預告春之氣息的含羞草。
建議可用個人喜好的果汁製作卡士達，享受不同的風味變化。

（→製作方法 p.50）

≪材料≫直徑15m的圓形模1個

【熱內亞蛋糕】

全蛋…108g

蛋黃…12g

細砂糖…48g

蜂蜜…6g

低筋麵粉…54g

A ┌ 牛奶…6g
　　└ 奶油…6g

【柳橙卡士達】

柳橙汁…225g

蛋黃…35g

細砂糖…38g

低筋麵粉…10g

└ 玉米粉…5g

【裝飾】

┌ 鮮奶油　　100g
└ 細砂糖　　8g

│ 糖漬檸檬皮、開心果各適量

≪預備作業≫

◎ 過篩全部的低筋麵粉。

◎ 在模型側面及底部鋪放烤盤紙。

◎ 以160～170℃預熱烤箱。

◎ 開心果以150℃的烤箱烘烤約8分鐘。

≪製作方法≫

1 [卡士達] 參照 p.9 製作柳橙卡士達。

2 [熱內亞蛋糕] 在缽盆中放入雞蛋和蛋黃混拌攪散，加入細砂糖和蜂蜜。隔水加熱(a)，用攪拌器邊混拌邊溫熱。以指尖測試，當溫度達到人體肌膚溫度時，停止加溫。

3 改以手持電動攪拌機，用高速攪拌打發(b)。拉起攪拌器瞬間，蛋液中的線條立刻消失時，表示需要繼續打發。當蛋液緩慢沈重落下、部分層疊，且仍能留下清楚痕跡時表示OK(c)。至此打發時間約3分鐘左右。

4 手持電動攪拌機轉為低速，再打發2～3分鐘，整合氣泡至產生光澤為止。

5 分2次加入低筋麵粉(d)，每次加入後都用橡皮刮刀迅速翻起底部，舀起混拌(e)。至粉類完全消失，並產生光澤時，即完成混拌。

6 將5的麵糊舀起少量加進隔水加熱融化A的缽盆中，充分混拌(f)。再澆淋在橡皮刮刀上倒回原缽盆中(g)，輕輕舀起混拌約10次左右。

7 將6倒入模型內(h)，將模型底部在手掌上輕輕敲扣以排出空氣。

8 [烘烤] 放入160～170℃的烤箱烘烤約25～30分鐘。完成烘烤後，在工作檯上摔落數次，以排出蛋糕體中溫熱的空氣。

9 脫模，連同烤盤紙一起倒扣在網架上冷卻(i)。

[熱內亞蛋糕]

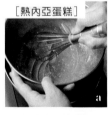
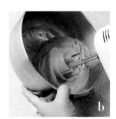

[烘烤]

10 剝除步驟**9**蛋糕上的烤盤紙，削除底部較硬的部分。橫剖成3片，各厚1.5cm、1.5cm、1cm。切除2片1.5cm蛋糕體上帶有烘烤色澤的部分，用直徑12cm的環形模壓切(j)。

11 環形模切剩的周圍蛋糕體用網篩過濾磨成蛋糕碎屑。

12 [**裝飾**]鮮奶油中加入細砂糖攪打至七分打發。

13 用橡皮刮刀攪散**1**的卡士達。取其中的70g與**12**輕輕混拌。

14 作為底座1.5cm厚的熱內亞蛋糕片上，舀上步驟**1**的卡士達約50g，用抹刀推抹均勻(k)。疊上第2片1.5cm厚的熱內亞蛋糕，舀上約70g的卡士達，塗抹在表面與側面(l)。

15 覆蓋上第3片1cm厚的熱內亞蛋糕(m)，按壓蛋糕邊緣整合全體成為半圓形(n)。舀上**13**的鮮奶油卡士達，推展塗抹全體(o)。

16 輕輕將**11**的蛋糕碎屑覆滿全體表面(p)，撒上切碎的糖漬檸檬皮和烘烤過的開心果碎。

[裝飾]

米粉蛋糕卷 ◆◇◇

使用鬆散米粉製成，軟稠入口即化的美妙蛋糕體。
充滿著糕點製作時的必要元素，
同時也是既簡單，但滋味奧妙的蛋糕。

≪材料≫28×24cm的烤盤1片

【熱內亞蛋糕】
全蛋…150g
細砂糖…75g
米粉…70g
A ┌ 牛奶…15g
  └ 奶油…10g

【卡士達】
牛奶…225g
蛋黃…35g
細砂糖…38g
低筋麵粉…10g
玉米粉…5g

【裝飾】
鮮奶油…150g
細砂糖…12g

≪預備作業≫

◎ 切下較烤盤略大一圈的烤盤紙，四角劃入切紋，貼合地舖進烤盤中。
◎ 以200℃預熱烤箱。

memo：蛋糕過度柔軟而難以分切時，可以在左側以刮板輔助，用溫熱的刀就更好切了。

≪製作方法≫

1 參照 p.7 製作卡士達。

2 參照 p.50（2〜6）製作熱內亞蛋糕麵糊。將麵糊倒入預備好的烤盤中央，以刮板將麵糊推向四周邊角（a），平整表面（b）。模型底部在手掌上輕輕敲扣，排出大的氣泡。

3 放入200℃的烤箱烘烤約10分鐘，立即取出置於另一個烤盤上冷卻。

4 冷卻後剝除側面的烤盤紙，蓋上一張較蛋糕體略大的烤盤紙。抓好上下層烤盤紙的邊緣，注意避免彎折地將蛋糕體翻面。

5 剝除蛋糕體底部的烤盤紙（c），雙手伸入蛋糕體下方（d），迅速翻面。

6 製作打發鮮奶油。在缽盆中放入鮮奶油和細砂糖，墊放冰水，用手持電動攪拌機攪打至八分打發。

7 將1的卡士達攪散成乳霜狀，全部舀至5的蛋糕體上，用抹刀依左右、上下的順序（e）推展至全體表面。

8 接著將6與卡士達同樣地依左右、上下的順序推展至全體（f）。

9 在蛋糕體靠近自己的那一側，間隔1cm地劃出3條切紋（g）。提起靠近自己的烤盤紙，將第1道切紋捲起按壓，接著捲至第3道切紋處，做出圓芯（h）。

10 提起烤盤紙邊緣，朝外側滾動（i）蛋糕體，一口氣捲起。包捲結束後，用烤盤紙固定蛋糕體，蛋糕與內餡緊密結合（j）。扭轉烤盤紙的左右兩側緊閉。

11 烤盤紙的開口處朝下放入冷藏室，冷卻約1小時使蛋糕與內餡融合。分切前篩上糖粉（用量外）。

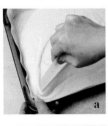
a

b

c

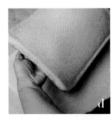
d

e

f

g

h

i

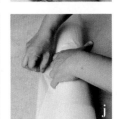
j

卡士達糖漬鳳梨的
夾心蛋糕 ◆◇◇

不需模型，將麵糊直接在烤盤上鋪成圓餅狀即可。
蛋黃和蛋白各別打發製成的海綿蛋糕輕盈爽口。
酸奶油將糖漬鳳梨的清爽酸味，與卡士達完美結合。

≪材料≫直徑20cm的1個

【海綿蛋糕麵糊】
- 蛋黃…40g
- 細砂糖A…20g
- 蛋白…80g
- 細砂糖B…40g
- 低筋麵粉…40g
- 玉米粉…20g

【卡士達】
- 牛奶…225g
- 蛋黃…35g
- 細砂糖…38g
- 低筋麵粉…10g
- 玉米粉…5g

【裝飾】
酸奶油…80g
糖漬鳳梨(請參照p.36)…160g
糖漬鳳梨的糖漿…30g
糖粉…適量

≪預備作業≫

◎蛋白放入缽盆置於冷凍室冷卻備用,在使用前才取出。但不能使其結凍。

◎海綿蛋糕麵糊的低筋麵粉、玉米粉混合後過篩備用。

◎將烤盤紙舖放在2片烤盤上備用。

◎以180℃預熱烤箱。

≪製作方法≫

1　參照p.7製作卡士達。

2　製作海綿蛋糕麵糊。在缽盆中放入蛋黃和細砂糖A,用手持電動攪拌機攪打至顏色發白,變得濃稠爲止(a)。

3　從用量的砂糖B中取1小撮加入冰涼的蛋白中。用手持電動攪拌機邊打發至顏色發白,將其餘的砂糖B分2～3次加入,確實攪打至尖角直立,製作成蛋白霜(b)。

4　將2全部放入3(c),用橡皮刮刀迅速地舀起翻拌。由缽盆中央朝外側,從底部翻起混拌(d)。

5　待蛋白霜均勻沒有結塊後,加入半量的粉類,用橡皮刮刀舀起翻拌(e)。仍殘留粉類時,加入其餘粉類,舀起翻拌至粉類完全消失,完成麵糊。

6　在烤盤上將5的麵糊推展成直徑16cm左右的圓餅狀2個(f,g),篩上糖粉。當糖粉幾乎融化後再次篩上糖粉,用刮板在表面上輕輕按壓出格狀線條(h)。

7　以180℃的烤箱烘烤約20分鐘,至膨脹呈現烘烤色澤爲止,取出冷卻。

8　用橡皮刮刀攪散1至呈現乳霜狀。

9　下層海綿蛋糕塗上糖漬鳳梨糖漿,再塗抹上酸奶油(i)。排放瀝乾水分切成薄片的糖漬鳳梨。舀上8推開塗抹(j),上層海綿蛋糕體底部塗上糖漬鳳梨糖漿,再覆蓋疊上。

10　置於冷藏室中冷卻,使內餡融合。享用時篩上糖粉即完成。

memo:單層烤箱製作,可以將麵糊分成半量,重覆2次烘烤。

Column 2

卡士達的點心時間

不太能久放的卡士達，若有剩餘時，
只要夾心、層疊或烘烤，就能立刻搭配變化出點心。
能品嚐出乳霜般入口即化的美味。

卡士達烤吐司

無花果、堅果、蜂蜜的組合，
一口咬下，好吃得宛如夢境。

《製作方法》

1　將個人喜好的卡士達攪散成滑順狀態。
2　烘烤厚片吐司，塗抹奶油，再加上卡
　　士達塗抹。
3　擺放喜歡的水果（此處使用無花果），
　　撒上烘烤過的碎核桃，澆淋蜂蜜。

黑醋栗
卡士達崔芙（trifle）

以卡士達製作的成熟風味糕點。
藉由冷藏冰鎮，使風味滲入融合。
可挑選個人喜好的水果和卡士達。

《製作方法》

1　用橡皮刮刀攪散卡士達（請參照 p.9）。
　　鮮奶油添加細砂糖攪打至七分打發。

2　將海綿蛋糕或蜂蜜蛋糕切成方塊，預
　　備黑醋栗和藍莓。

3　在玻璃杯中讓色彩漂亮地交替層疊 1 和
　　2，撒上烘烤過的開心果碎。

酥條佐卡士達奶油

撒滿砂糖多花了工夫扭轉整型，
做出看起來就很美味的酥條。
蘸取滿滿的卡士達，
濃郁又酥脆。

≪製作方法≫

1　個人喜好的卡士達（此處使用巧克力卡士達和開心果卡士達）用橡皮刮刀攪散呈柔軟狀。

2　冷凍派皮（市售品）半解凍後，切成1cm寬、10cm長。撒上細砂糖，每根都扭轉成麻花狀。

3　以180℃預熱的烤箱，烘烤約20分鐘。佐上1的卡士達。

memo：避免冷凍派皮軟化，迅速進行。

搭配水果和起司，
再豪奢的添加卡士達。
使用卡士達鮮奶油也非常美味。

≪製作方法≫

1　將個人喜好的卡士達攪散至滑順。鮮奶油中添加細砂糖攪拌至八分打發。

2　三明治專用吐司2片1組，一片單面塗抹卡士達、打發鮮奶油，排放上去蒂的草莓。草莓上再次塗滿打發鮮奶油，覆蓋另一片吐司夾起。

3　另一組的2片吐司都單面塗抹黑醋栗卡士達，另一片吐司抹上奶油起司夾起。

4　用手按壓2、3，包覆保鮮膜置於冷藏室約30分鐘。切去麵包邊，依個人喜好切成適當的大小。

卡士達三明治

香蕉麵包布丁

無論是剛烤好熱熱的吃，
或是冷卻後享用都非常美味。
香蕉鬆軟的香氣與風味，
飽足感十足。

≪材料≫方便製作的分量

吐司…1～2片
香蕉…2根
全蛋…2個
牛奶…200g
細砂糖…50～100g（依個人喜好）
杏仁片（依個人喜好）…適量

≪製作方法≫

1　吐司切去邊角，香蕉切成圓片狀，其中取1/3的香蕉片再切成扇形。

2　在缽盆中攪散雞蛋，加入牛奶、細砂糖混拌。

3　在2中加入1的吐司和扇形的香蕉片，混拌。

4　將3放入耐熱容器中，排放切成圓片的香蕉，撒上杏仁片，以180℃預熱的烤箱烘烤約40分鐘。篩上糖粉（用量外）完成。

memo：麵包除了吐司之外，法式長棍、可頌等也能替換。也可以使用多餘的布丁液或克拉芙緹的奶蛋液製作。

Part 3
布丁液的糕點

即使天天享用都不會厭倦的美味布丁，就是令人懷念卡士達糕點的起源。
利用雞蛋、牛奶、砂糖等廚房的常備食材，想到時立即就能動手製作，
只要改變材料比例，就能享受到不同的滋味、香氣與口感的樂趣，也是魅力所在。
在此也介紹同為布丁類糕點，只要倒入布丁液即可的克拉芙緹與塔餅等。

濃郁卡士達布丁 ◆◇◇

會留下湯匙痕跡，略硬的咖啡廳風格布丁。
全蛋中加入蛋黃、牛奶中添加鮮奶油，完成濃郁的滋味。
裝飾個人喜好的水果或打發鮮奶油，也可以做成時尚流行感的布丁。

≪材料≫容量70ml的布丁模5個

【焦糖】

| 細砂糖⋯50g
| 熱水⋯50g

【布丁液】

| 全蛋⋯120g
| 蛋黃⋯20g
| 細砂糖⋯40g
| 牛奶⋯180g
| 鮮奶油⋯40g
| 香草莢⋯約1cm

≪預備作業≫

◎以150℃預熱烤箱。

≪製作方法≫

[焦糖]

1 在鍋中放入細砂糖，為了更容易溶化而取用量水分中的少量一起加入，以中火加熱。

2 稍待砂糖全部溶化後，全體呈現透明糖漿，並冒出滋滋地小氣泡。

3 鍋邊開始產生淡淡茶色，不時地晃動鍋子熬煮。

4 加熱至全體呈現茶色沸騰，冒出細小氣泡。

5 熄火，晃動鍋子利用餘溫使其焦化。

memo：可以焦化至個人喜好的焦色，越是深濃越是帶有苦味。

6 其餘的熱水少量逐次地加入，傾斜鍋子混合全體。

memo：焦糖會噴濺起來，熱水也很燙，請務必注意。

7 用木杓輕巧混拌，再次用小火加熱至濃度均勻。

8 待全體呈現深濃茶色並均勻混拌後，即完成。

9 等分倒入布丁杯中。放入冷凍室，使焦糖冷卻凝固。

［布丁液］

10 在缽盆中放入雞蛋和蛋黃，用攪拌器切斷雞蛋繫帶地攪散，再加入細砂糖混拌。其間在鍋中放入牛奶和鮮奶油，連同香草莢及刮取出的香草籽，以中火加熱。

11 當放入牛奶和鮮奶油的鍋子開始產生小氣泡冒出滋滋聲響時，用攪拌器邊攪拌邊倒入10的缽盆，充分混拌。

12 用萬用濾網過濾。

13 若有氣泡則用湯匙舀起除去。

memo：過濾、除去氣泡，才能製作出滑順的口感。

14 輕巧、避免產生氣泡，等分地倒入預備好的模型中，以鋁箔紙覆蓋。

［烘烤］

15 在烤盤上放置略有深度的方型烤盤，間隔地放置布丁模，倒入熱水約至模型底部2cm高左右。以150℃的烤箱隔水蒸烤40～60分鐘。由烤箱中取出後降溫，置於冷藏充分冷卻。

［脫模］

16 用手指輕柔按壓布丁，使空氣進入布丁與模型之間。或用小型抹刀沿著模型周圍劃一圈。將布丁模倒扣至盤中脫模。

奶油起司布丁◆◇◇

布丁液中混合了奶油起司，可以更加提升濃郁及滑順口感。
滑順口感的訣竅，就是混合後確實過濾避免結塊。

≪材料≫20×10cm的磅蛋糕模1個

【焦糖】

| 細砂糖…40g
| 熱水…40g

【布丁液】

| 奶油起司…100g
| 細砂糖…50g
| 全蛋…150g
| 牛奶…270g

≪預備作業≫

◎奶油起司回復室溫。
◎以150℃預熱烤箱。
◎在模型內側塗抹奶油（用量外）。

≪製作方法≫

1 參照 p.62（1～8）的焦糖相同作法，倒入預備好的模型中，放入冷凍室凝固。

2 在鍋中倒入牛奶加熱，加熱至鍋壁產生小氣泡冒出滋滋聲響。

3 在缽盆中放入奶油起司與細砂糖，用橡皮刮刀混拌。少量逐次加入2（a）混拌至呈滑順狀態（b）。

4 在另外的缽盆中放入雞蛋攪散，加入3並用攪拌器避免攪入空氣地摩擦般混拌。

5 以萬用濾網過濾後，用湯匙除去白色浮泡，將布丁液倒入1，用鋁箔紙覆蓋。

6 在烤盤上放置略有深度的方型烤盤，擺放5。倒入熱水至模型一半的高度，放入150℃的烤箱隔水蒸烤1小時～1小時10分鐘。

7 由烤箱取出後，置於冷藏冷卻一夜。
   memo：製作完成的翌日是最佳享用時刻。

甘薯布丁 ◆◇◇

烤甘薯鬆軟香甜的滋味，全都呈現在布丁中。
想要更加滑順時，可以著眼於甘薯搗碎的程度。

≪**材料**≫直徑18×高7cm的天使蛋糕模1個

【焦糖】
| 細砂糖…50g
| 熱水…50g

【布丁液】
| 烤甘薯（市售品）…210g（去皮實重）
| 細砂糖…60g
| 鹽…1小撮
| 牛奶…270g
| 奶油…10g
| 全蛋…180g

≪**預備作業**≫

◎以150℃預熱烤箱。

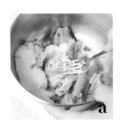

≪**製作方法**≫

1　參照 p.62（1～8）的焦糖相同作法，倒入預備好的模型中，放入冷凍室凝固。

2　在缽盆中放入剝去外皮的烤甘薯、細砂糖、鹽，用叉子搗碎烤甘薯並混拌（a）。在此少量逐次加入充分攪散的蛋液，混拌整體稀釋食材。

3　在鍋中放入牛奶和奶油加熱，加熱至鍋壁產生小氣泡冒出滋滋聲響。

4　將3少量逐次加入2，用攪拌器充分混拌。

5　用萬用濾網按壓過濾後，以湯匙除去白色浮泡。將布丁液倒入1，用鋁箔紙覆蓋。

6　在烤盤上放置略有深度的方型淺盤，擺放5。倒入熱水至模型一半的高度。放入150℃的烤箱隔水蒸烤40～50分鐘。

7　降溫後取出，置於冷藏冷卻一夜。

memo：若有直立式攪拌機，可以用於步驟4的攪拌器之後，口感會更加滑順。

入口即化布丁 ◆◇◇

利用蛋黃的力量凝固布丁，重點在於溫度調整。
隔水加熱蒸烤出入口即化的口感，
澆淋焦糖享用吧。

≪**材料**≫容量80ml的烤盅3個

【焦糖】
細砂糖…50g
熱水…70g

【布丁液】
蛋黃…40g
細砂糖…20g
牛奶…100g
鮮奶油…75g
香草莢…1cm

≪**預備作業**≫

◎以150℃預熱烤箱。

≪**製作方法**≫

1 參照 p.62（1～8）的焦糖相同作法。

2 在鍋中放入牛奶和鮮奶油、香草莢連同刮出的香草籽，加熱。確實加熱至沸騰後，熄火。

3 在缽盆中放入雞蛋與細砂糖，用攪拌器避免攪入空氣地摩擦般混拌。

4 將2少量逐次加入3的缽盆，用攪拌器充分混拌。

5 以萬用濾網過濾後，用湯匙除去白色浮泡。將布丁液等分倒入模型中，以鋁箔紙覆蓋。

6 在烤盤上放置略有深度的方型烤盤，擺放模型。倒入熱水至模型底部1.5～2cm的高度。放入150℃的烤箱隔水蒸烤約30分鐘，留在烤箱以餘溫溫熱約10分鐘。

7 連同模型浸泡冰水急速冷卻。待降溫後，置於冷藏室冷卻。澆淋焦糖醬享用。

memo：隔水蒸烤時倒入的熱水是沸騰的熱度。隔水蒸烤後，再利用餘溫加熱。
memo：焦糖醬冷藏可保存約2週。

優格塔◆◆◇

甜酥麵團的塔皮，倒入大量優格蛋奶醬，
清新爽口又帶著酸奶的酸味。
利用雞蛋將不同的風味巧妙結合。

≪材料≫直徑7×高1.8cm的環形模6個

【甜酥麵團 pâte sucrée】
　奶油…50g
　糖粉…25g
　鹽…1小撮
　全蛋…17g
　杏仁粉…13g
　低筋麵粉…85g

【優格奶蛋液】
　全蛋…60g
　細砂糖…20g
　鮮奶油…100g
　原味優格(無糖)…40g

【裝飾】
酸奶油…150g
細砂糖…30g
百里香等喜好之香草…適量

≪預備作業≫

◎甜酥麵團於前一天製作。
◎在烤盤舖放烤盤紙,若有也可以用矽膠墊。
◎空燒甜酥麵團前以170℃預熱、內餡烘烤前以160℃預熱烤箱。

≪製作方法≫

1　參照p.40(1～7)製作甜酥麵團,擀壓成約2mm厚,靜置於冷藏室。以直徑10cm的環形模壓切,舖放至7cm的環形模內。底部用叉子刺出孔洞(piquer),冷凍使其固定。

2　將1排放在烤盤上,將烤盤紙圍在麵團內側(a),放上紙模(耐油性)(b),均勻擺放重石至麵團邊緣等高(c)。用手指按壓使重石均勻遍布至模型邊緣。

3　將2放入170℃的烤箱中空燒約15分鐘,取出(d)。連同紙模取下重石(e),用毛刷在塔皮內側刷塗蛋液(用量外)(f)。再次放入170℃的烤箱烘烤5～10分鐘,使蛋液乾燥(g)。取出脫除環形模。

4　製作優格奶蛋液。在缽盆中放入雞蛋攪散,依序加入其他材料,以萬用濾網過濾。

5　將4倒入3直至邊緣(h),以160℃烤箱烘烤15～20分鐘至奶蛋液略膨脹,輕搖時中心仍晃動的狀態(i)。取出降溫(j)後放置冷藏室冷卻。

6　在5表面以湯匙舀上混入細砂糖的酸奶油,裝飾喜好的香草。

櫻桃克拉芙緹 ◆◆◇

櫻桃先用烤箱烘烤，濃縮香甜和酸味。
大量排放後倒入布丁的蛋奶液再烘烤。
可以充分品嚐當季櫻桃新鮮滋味的克拉芙緹。

（→製作方法 p.72）

焦糖蘋果克拉芙緹 ◆◆◇

酸甜蘋果確實焦糖化後，帶著恰到好處的微苦。
用鮮奶油和焦糖香緹奶餡，裝飾出成熟風味的糕點，
微苦也是呈現的美味之一。蘋果當季時請務必一試。

（→製作方法 p.72）

≪材料≫直徑18cm的塔模各1個

【酥脆塔皮麵團 pâte brisée（共通）】
　蛋黃…5g
　水…23g
　鹽…2g
　細砂糖…5g
　奶油…75g
　低筋麵粉…113g
　高筋麵粉…3g
蛋液…適量

Ⓐ 櫻桃克拉芙緹

【奶蛋液】
　全蛋…72g
　細砂糖…48g
　玉米粉…4g
　鮮奶油…100g
櫻桃…15個

Ⓑ 蘋果焦糖克拉芙緹

【奶蛋液】
　全蛋…45g
　細砂糖…30g
　玉米粉…3g
　鮮奶油…60g
蘋果…2個
細砂糖…30～50g
奶油…10g

【焦糖香緹鮮奶油】
　細砂糖…67g
　鮮奶油…150g

【打發鮮奶油】
　鮮奶油…150g
　細砂糖…12g

≪預備作業≫

◎Ⓑ的焦糖香緹鮮奶油於前一天製作。
◎在空燒酥脆塔皮麵團前以200℃預熱烤箱、在烘烤櫻桃和奶蛋液前以170℃預熱烤箱。

≪製作方法≫

1　參照 p.45（1～4）製作酥脆塔皮麵團。撒上手粉（用量外）擀壓成直徑26cm的圓形（a）。擀壓完成後務必要將塔皮整個翻起一次使其鬆弛，放回撒有手粉的工作檯。靜置於冷藏室約30分鐘以上。

2　將麵皮放入模型，按壓至模型內。將麵皮折入模型邊角（b），再豎起折入的麵皮（c）。重覆這個動作一圈。

3　擀麵棍在模型上緣滾動，切去多餘的麵皮（d），用手指沿著邊緣輕輕按壓麵皮使其貼合（e）沒有間隙。以叉子刺出孔洞（piquer）（f），靜置於冷凍室。

4　將烤盤紙鋪入模型內（g），放入與模型等高的重石。用手指按壓使重石能均勻遍布至模型邊緣（h）。

5　放入200℃的烤箱中空燒約15～20分鐘。待呈金黃色澤後，連同烤盤紙一起取出重石（i），趁熱用毛刷在塔皮內側刷塗蛋液。再次放入烤箱烘烤3～5分鐘，至呈深的金黃色（j）。

6　製作奶蛋液。在缽盆中放入雞蛋攪散，加入細砂糖、完成過篩的玉米粉攪拌，最後混入鮮奶油，過濾。

a

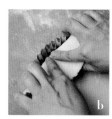
b

c

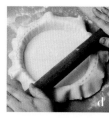
d

e

f

g

i

j

Ⓐ 櫻桃克拉芙緹

7 用刀子切入櫻桃籽周圍，扭轉開取出櫻桃籽。放在舖有烤盤紙的耐熱容器上，切面朝上。用170℃的烤箱烘烤15～20分鐘（a）。

8 使櫻桃切面朝上，擺放在完成空燒步驟5的酥脆塔餅上，倒入6的奶蛋液至模型邊緣（b）。用濾網篩撒糖粉（用量外），以170℃的烤箱烘烤20～30分鐘，烘烤至中央處不再流動為止。

9 降溫，置於冷藏室冷卻。

Ⓑ 蘋果焦糖克拉芙緹

7 製作焦糖香緹鮮奶油。鍋子溫熱，放入足以薄薄覆蓋鍋底的細砂糖，融化變成透明後，再加入同等分量。重覆步驟（a），待全部的細砂糖融化，轉為小火慢慢煮至焦化（b）。

8 當細小氣泡變成大氣泡時，表示已煮至沸騰，在此狀態下熄火。邊晃動鍋子邊調整成自己喜歡的焦化程度（c）。分數次加入鮮奶油（d）。因為會噴濺，第1次要以少量加入。用橡皮刮刀充分混拌至均勻狀態（e），過濾。鍋子太小時，鮮奶油會溢出必須多加注意。

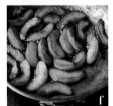

9 下方墊放冰水並不時地混拌降溫。降溫後，放至冷藏室半天左右使其冷卻。

10 蘋果削皮去芯，切成12等分的月牙狀。

11 溫熱平底鍋，焦化細砂糖。至恰到好處的焦化程度時熄火，加入奶油融化。放進蘋果使其沾裹焦糖，蓋上鍋蓋用中火加熱至蘋果完全受熱。打開鍋蓋加熱至水分揮發，蘋果完全沾裹上焦糖（f）。

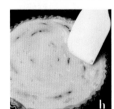

12 將11的蘋果排放在完成空燒，步驟5的酥脆塔皮內，倒入6的奶蛋液至模型邊緣（g）。用橡皮刮刀使蘋果能浸入奶蛋液般略略按壓（h）。用茶葉濾網篩撒糖粉（用量外）（i），以170℃的烤箱烘烤20～30分鐘，烘烤至中央處不再流動為止，冷卻。

13 製作打發鮮奶油。在缽盆中放入鮮奶油和細砂糖，攪打至八分打發。填放至裝有直口玫瑰擠花嘴的擠花袋內，擠在步驟12分切後的克拉芙緹外緣。

14 接著將9的焦糖香緹鮮奶油墊放冰水，打發至尖角直立（j）。填放至裝有直口玫瑰擠花嘴的擠花袋內，擠在克拉芙緹前端。

memo：直口玫瑰擠花嘴絞擠時，要保持擠花嘴的固定高度，左右動作（參照k,l）。

Column 3

用剩餘蛋白製作的糕點

利用製作卡士達醬剩餘的蛋白完成的糕點。
確實打發至尖角直立,並具光澤的蛋白霜,就是製作的關鍵。
蛋白一旦冷凍備用,隨時都能製作非常方便。

帕芙洛娃 Pavlova ◆◇◇

舀出一口大小的蛋白霜製成蛋白餅，口感輕盈。
完成烘烤後，直接放在烤箱中冷卻，就是訣竅。
混入了酸奶油的鮮奶油輕盈爽口。也很適合搭配水果。

≪**材料**≫直徑5cm大約30個

【蛋白霜】
蛋白…60g
細砂糖…50g
檸檬汁＊…若有的話，數滴
鹽…1小撮
糖粉…50g

【裝飾】
酸奶油…50g
鮮奶油…50g
細砂糖…12g

喜好的水果（奇異果、哈密瓜、杏桃、
櫻桃等）…適量

＊若添加了檸檬汁，可以使蛋白霜更容易
呈現安定狀態。

≪**預備作業**≫
◎蛋白在使用前保存在冷藏室冷卻備用。
◎用150℃預熱烤箱。

≪**製作方法**≫

1　製作蛋白霜。在缽盆中放入蛋白、檸檬汁和鹽，以及用量中少許的細砂糖，以手持電動攪拌機高速攪打（a），約2分鐘左右，打發至膨鬆、顏色發白為止（b）。

2　加入其餘的細砂糖（c），用中速打發約3分鐘左右。至線條清晰呈現（d），拉起攪拌棒時，會呈現柔軟尖角，產生光澤即OK（e）。體積增加，攪拌時產生沈重手感可作為完成的參考標準。

3　加入過篩的糖粉，以橡皮刮刀混拌。待粉類完全消失後，混拌至能保持形狀的狀態（f）。只要2的蛋白霜確實打發，氣泡就不會被破壞。

4　用湯匙舀起喜好大小的蛋白霜，攤放在烤盤上，製作30個（g）。用150℃的烤箱烘烤約30分鐘，留在烤箱中至完全冷卻。

5　將細砂糖加入酸奶油，再混入打發至八分發的鮮奶油。

6　將混合好的步驟5舀在4上，裝飾切成小塊的水果。

memo：舀起的蛋白霜越大，烘烤時間就越長。充分烘烤後，香味也會隨之增加。

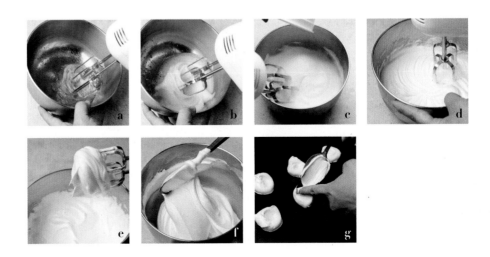

白巧克力鮮奶油天使蛋糕◆◆◇

補足蛋白霜中的油脂隔水蒸烤，就能做出潤澤美味的蛋糕。
蘭姆酒香氣的白巧克力鮮奶油風味深刻，第二天才是最佳賞味期。
享用前再裝飾上烘烤過的杏仁片。

≪**材料**≫直徑16cm的天使蛋糕模1個

【麵糊】
┃ 蛋白…120g
┃ 細砂糖…80g
┃ ┌ 低筋麵粉…40g
A┃ 玉米粉…20g
┃ └ 杏仁粉…20g
鮮奶油…30g
奶油…10g

【白巧克力鮮奶油】
┃ 白巧克力…42g
┃ 牛奶…30g
┃ 鮮奶油…90g
┃ 蘭姆酒…6g

【裝飾】
┃ 糖漿*…30g
┃ 蘭姆酒…6g
┃ 紅豆粒餡…60g
┃ 杏仁片…適量

*水30g和細砂糖15g煮至沸騰，
砂糖溶化後冷卻。

≪**預備作業**≫

◎前一天先製作白巧克力鮮奶油。
◎蛋白在使用前保存在冷藏室備用。
◎A的粉類混合過篩。
◎在模型內薄薄地塗抹奶油（用量外）備用。
◎以170℃預熱烤箱。
◎杏仁片以150℃的烤箱烘烤約15分鐘。

≪**製作方法**≫

1　製作白巧克力鮮奶油。白巧克力隔水加熱使其融化，略溫熱的牛奶和鮮奶油混合後，少量逐次地加入稀釋使其乳化（a），放置於冷藏室靜置一夜。使用時打發再加入蘭姆酒。

2　製作蛋白霜。在冷卻備用的蛋白內加入用量中的1小撮細砂糖，以手持電動攪拌機高速攪打，約1分鐘，打發至膨鬆、顏色發白為止。

3　加入其餘的細砂糖，用中速打發約2分鐘左右。至線條清晰呈現，拉起攪拌棒時，會呈現柔軟尖角（b），產生光澤即OK。

4　加入A，用橡皮刮刀混拌約40次至粉類消失為止（c）。舀起少量加至（d）預先混合好隔水加熱融化的奶油和鮮奶油中，充分混拌。倒回原缽盆（e），舀起般混拌約50次，至麵糊濃稠為止。

5　將4倒入模型（f），用橡皮刮刀平整表面。模型底部在手掌上輕敲，排出空氣。在烤盤上放入略有深度的方型烤盤，擺放模型，倒入熱水約至模型一半的高度。放入170℃的烤箱隔水蒸烤約60分鐘（g）。脫模，在網架上降溫（h）。

6　放涼後將5的蛋糕體橫向對切，用毛刷在切開的下半部表面刷塗添加了蘭姆酒的糖漿。使用蛋糕抹刀塗抹1打發的白巧克力鮮奶油，再薄薄推展塗抹紅豆粒餡。在紅豆粒餡上再次層疊塗抹白巧克力鮮奶油（i），平整全體。

7　疊上切面刷塗蘭姆酒糖漿的上半部蛋糕體，再次於表面刷塗蘭姆酒糖漿。待糖漿滲入後，以白巧克力鮮奶油塗抹在蛋糕全體表面（j）。享用前裝飾烘烤過的杏仁片，篩撒糖粉（用量外），完成。

memo：白巧克力鮮奶油需打至全發，形成輕盈口感。

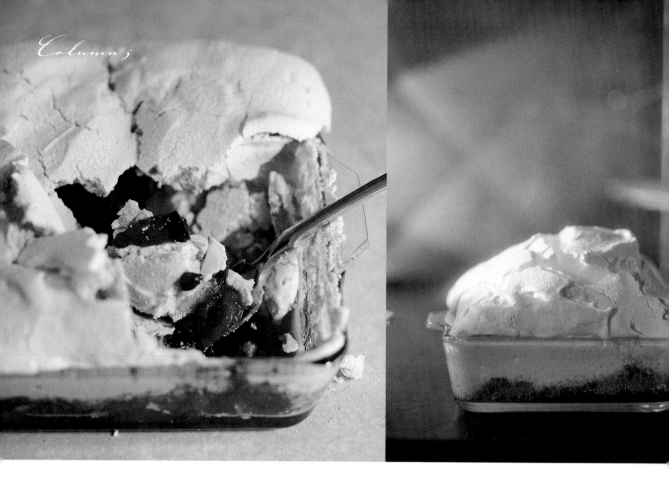

蛋白霜焗水果◆◇◇

當季水果覆蓋上蛋白霜，慢慢烘烤完成。
從烤箱取出熱騰騰時立即享用吧。也可以用小的耐熱皿製作。

≪材料≫ 12×12×高3.5cm的耐熱容器2個

【蛋白霜】

  蛋白⋯60g
  細砂糖⋯50g
  檸檬汁*⋯若有的話，數滴
  鹽⋯1小撮
  糖粉⋯50g

個人喜好的水果（在此使用的是杏桃、櫻桃、
  酸櫻桃）⋯各適量

≪預備作業≫

◎蛋白在使用前保存在冷藏室備用。
◎用150℃預熱烤箱。

≪製作方法≫

1　參照p.75（1～3）製作蛋白霜。在耐熱皿中排放切成
　　薄片的水果各半量，撒上細砂糖（a）。

2　舀入上述蛋白霜的半量（b），彷彿覆蓋般地用橡皮刮
　　刀塗抹至完全沒有間隙（c）。用150℃的烤箱烘烤40
　　分鐘～1小時。趁熱享用。

memo：烘烤過程中的膨起會再消下去，不用擔心。步驟2可添
加喜歡的利口酒也很美味。

本書所使用的模型

圓模
● 使用頁面→ P.49
主要是烘烤海綿蛋糕的模型。不易取出的蛋糕或無法倒扣的糕點時，使用底部可以脫模的類型會更方便。

磅蛋糕模
● 使用頁面→ P.65
烘烤磅蛋糕，若是一體成型時也能用在隔水蒸烤。購買鐵氟龍加工的種類，在清潔保養上會更簡單。

塔模
● 使用頁面→ P.70
烘烤派或塔時的淺模。有一體成形和底部可脫模的種類，底部可脫模的會比較容易使用。

斜邊圓模 manqué
● 使用頁面→ P.46
相對於側面垂直的圓模，開口略為寬口的模型。與圓模同樣用於海綿蛋糕或奶油蛋糕。

天使蛋糕模
● 使用頁面→ P.66、76
也被稱為薩瓦蘭模、環狀模等。中空的形狀受熱更快，均勻快速地完成烘烤。用於各式烘烤糕點或冰涼糕點。

花形模
● 使用頁面→ P.30
烘烤完成會呈現花形的可愛模型。即使不裝飾都很吸睛，很適合冰涼糕點。

布丁模（左）、果凍模（右）
● 使用頁面→ P.32、62
直徑5～6cm最常見。布丁模可用在果凍、杯子蛋糕等。有圖紋的果凍模，即使不做任何裝飾，都非常時尚美觀。

環形模
指的是「沒有底座只有邊框的模型」。不僅有圓形，各種形狀都有，大小高度也非常多樣。從烘烤糕點、冰涼糕點以至於作為切模，都可以廣泛運用。

● 使用頁面
直徑3cm、3.5cm→ P.16
直徑5cm→ P.20
直徑7cm、10cm→ P.68
直徑12cm→ P.49
直徑15cm→ P.44

圈模
環形模的同伴，也有高度較低的圈模。舖放麵團時雖然略為困難，但因為沒有底座，所以可以直接受熱，確實地烘烤塔底。

● 使用頁面
直徑7cm→ P.68
直徑15cm→ P.40

〈若有會更方便的工具〉

刮板
整合麵團、移動、分切等，可以利用在各種情況。平整內餡或麵糊等，特別在大面積時，會非常方便。

烤盤紙
用於包捲蛋糕卷、舖入模型。不易破裂又容易剝除的薄紙，不具耐油性。也能用於過篩粉類。

矽膠墊
可以清洗重覆使用的烘烤墊。玻璃纖維製，因此表面是網狀。這個網目可以充分排出水分或油脂，使烘烤的糕點酥脆。用在薄麵團時，效果特別好。

Joy Cooking

人氣 RESSOURCES 菓子工坊

卡士達糕點配方大公開

作者　新田あゆ子

翻譯　胡家齊

出版者 / 出版菊文化事業有限公司　P.C. Publishing Co.

發行人　趙天德

總編輯　車東蔚

文案編輯　編輯部

美術編輯　R.C. Work Shop

台北市雨聲街 77 號 1 樓

TEL：(02) 2838-7996　　FAX：(02) 2836-0028

法律顧問　劉陽明律師　名陽法律事務所

初版日期　2022 年 4 月

定價　新台幣 320 元

ISBN-13：9789866210846　　書　號　J149

讀者專線　(02)2836-0069

www.ecook.com.tw

E-mail　service@ecook.com.tw

劃撥帳號　19260956 大境文化事業有限公司

請連結至以下表單填寫讀者回函，將不定期的收到優惠通知。

人氣 RESSOURCES 菓子工坊

卡士達糕點配方大公開

新田あゆ子 著

初版 . 臺北市：出版菊文化

2022　80 面；19×26 公分 (Joy Cooking 系列；149)

ISBN-13：9789866210846

1.CST：點心食譜

427.16　　　111004308

STAFF

製作協助　　　新田まゆ子
設計　　　　　鳥沢智沙
　　　　　　　(sunshine bird graphics)
攝影　　　　　邑口京一郎
造型　　　　　西﨑弥沙
編輯協助、文章　内山美惠子